IMAGES DE LA SCIENCE FICTION

IMAGES DE LA SCIENCE FICTION

STEVEN EISLER

Préface de
CHRIS FOSS

GRÜND

Adaptation française de Michèle Lewigue

Première édition by Octopus Books Limited
59 Grosvenor Street, London W1

ISBN : 2-7000-0304-7
Dépôt légal : 2e trimestre 1980
Produced by Mandarin Publishers Limited
22a Westlands Road, Quarry Bay, Hong Kong
Photocomposition : Georges Frère, Tourcoing
Printed in Hong Kong
Le titre de cet ouvrage a pu être utilisé grâce à la courtoisie
des Éditions du Cerf, à Paris, que nous remercions ici.

Table

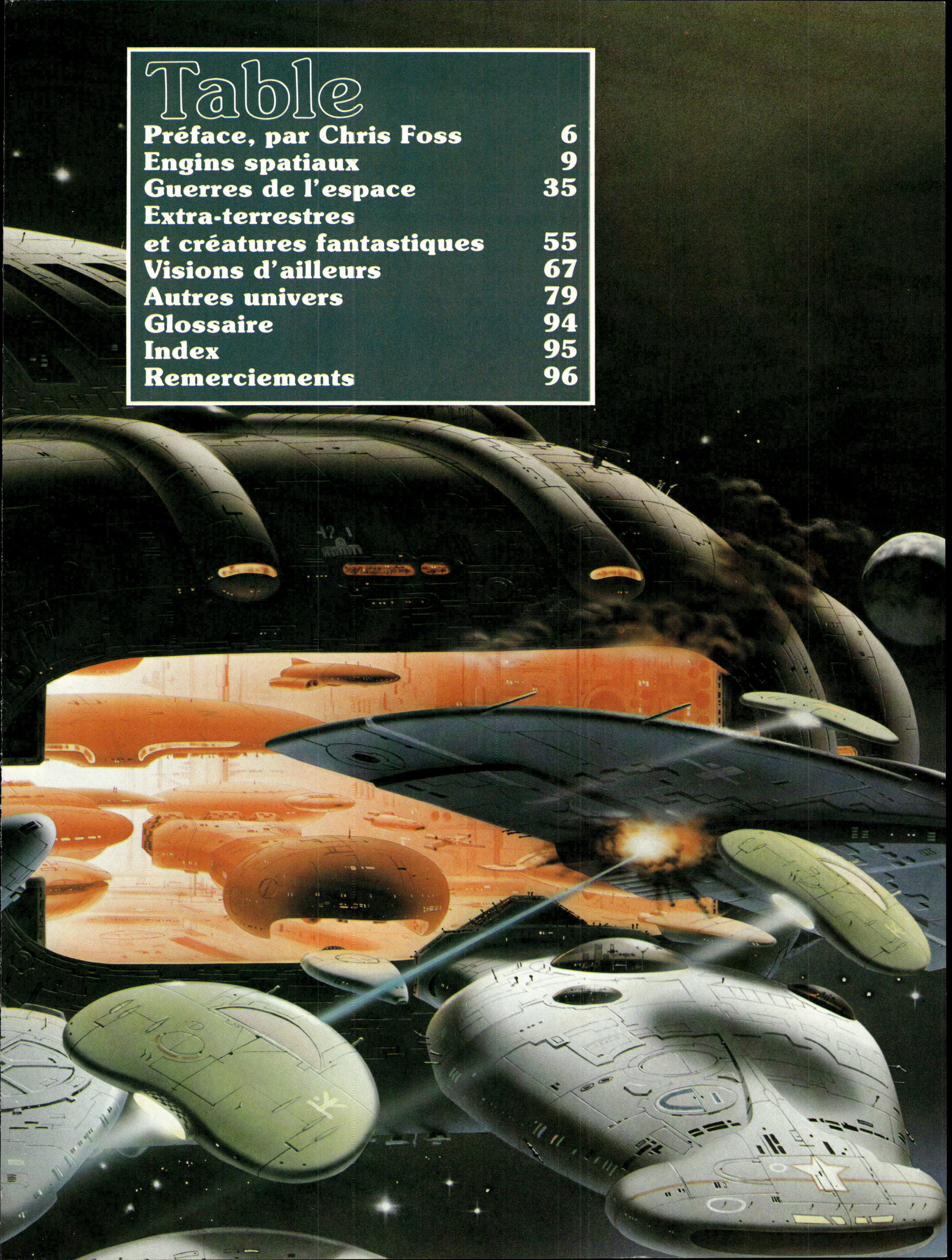

Préface

Nous allons découvrir ici une série fascinante de visions futuristes dues à l'imagination de plusieurs artistes. Personnellement, je me représente le futur d'une façon beaucoup plus pragmatique. Pessimistes, de nombreux créateurs n'envisagent qu'un avenir assombri par des guerres et des conflagrations expansionnistes, mais cela est plutôt naturel, car beaucoup d'entre nous se représentent les vaisseaux de combat spatiaux avec des lignes extravagantes et des couleurs agressives. Peut-on concevoir que dans le même temps où la colonisation de l'espace s'instaure, il faudra que les hommes s'unissent contre un ennemi commun : l'espace lui-même ! Des distances effrayantes restent à atteindre, et vous trouverez dans cet ouvrage les descriptions d'engins conçus pour voyager à travers le cosmos. Si des planètes isolées et des astéroïdes ne présentent pas de réel intérêt commercial, peut-être deviendront-ils les lieux d'escales de voyageurs utilisant pleinement la technologie du futur.
Il est intéressant de constater que l'inspiration d'artistes de science-fiction échappe à la sèche représentation des développements de l'industrie et de la société de demain.
Nous verrons ici d'étranges cités et des visions de galaxies d'au-delà de notre système solaire mais, pourtant, combien présentes. D'intemporelles **Marie-Celeste** voguent dans les espaces sidéraux, connaissant leur destination initiale, mais ayant oublié leur passé. Nous trouverons aussi dans ce livre un mélange fascinant de beauté d'ailleurs et de réalité parfois banale ou même vulgaire. Chacun de vous, portant au fond de lui-même sa propre odyssée, trouvera dans ces pages des images et concepts propres à nourrir un voyage individuel à travers le temps.

Chris Foss

Engins spatiaux

Quel que soit le terme que vous lui donniez — astronef, vaisseau ou fusée interstellaire, vaisseau cosmique — le vaisseau spatial est l'un des principaux symboles, certains diraient fondamental, de la S.F. Si la science-fiction s'intéresse surtout aux autres mondes, le vaisseau spatial ne constitue lui-même qu'une « annexe » de ces mondes, par les relations qu'il établit entre les systèmes solaires et les univers. Lorsque la science-fiction ne se réfère qu'au futur, le vaisseau spatial devient alors partie intégrante de ce futur. D'entre tous les **héros** mécaniques de la science-fiction, seul le robot supplante le vaisseau spatial, et à l'instar de celui-là, celui-ci est souvent le pivot de l'action, en même temps que le personnage central.

Un certain nombre de gravures antérieures au dix-neuvième siècle évoquent les premières tentatives humaines pour atteindre la lune : d'énormes galions aux coques de bois voguent tranquillement dans le vide, leurs voiles gonflées, suppose-t-on, par les vents solaires. L'engin de cristal de Cyrano de Bergerac, à bord duquel il accomplit son voyage vers le Soleil (1), était propulsé par l'énergie produite par le soleil agissant sur l'air et le changeant en vent. Ces visions romanesques, à première vue simplistes, sont dans une certaine mesure « confirmées » par des textes modernes lorsqu'on réalisa qu'effectivement un vent souffle entre les mondes, le vent solaire : l'énergie photonique. Des astronefs ainsi propulsés abondent dans la science-fiction, des vaisseaux interstellaires à la silhouette étrange et inquiétante — littéralement mus par la lumière — venant heurter une immense voile solaire. L'astronef d'Arthur Clarke possède une voile de cinq cent mille mètres carrés, reliée à une minuscule cap-

1) Cyrano de Bergerac imagina aussi un voyage dans la lune. Le titre de ces voyages est d'ailleurs : **L'Autre Monde, ou les États et Empires de la Lune et du Soleil.**

Station de contrôle quirinienne. *Avec la paix et la prospérité qui accompagnèrent le Troisième Empire — l'Empire quirinien — les chercheurs se consacrèrent aux problèmes temporels, de sorte que quelques barrières temporelles se trouvèrent en permanence implantées dans la galaxie. Voici une petite flotte de stations de contrôle temporelles planant calmement au-dessus de paysages fertiles de la bonne vieille Terre... vers 1979.*

Gauche : Le Starcutter, *le plus important de tous les vaisseaux de ligne de la Fédération Unie Mondiale du Post-Interrègne. Construit à l'époque où la Thruspace Interworlds C° monopolisait la plus grande part du transport des passagers et du courrier entre les mondes colonisés, sa configuration devait satisfaire à ses deux objectifs : c'est-à-dire assurer le service interstellaire en 17 jours et offrir à ses passagers une croisière confortable à une vitesse dépassant celle de la lumière. Longueur hors tout 750 mètres ; masse 230 000 tonnes ; déplacement spatial 48 ziemens ; facteur C 26.8 - 33.3 ; vitesse maximum C X 8, avec un déplacement temporel de cinq secondes/minutes.*

Ci-dessous : T.G. Pieria. *Le Pieria constitue un excellent exemple des petits croiseurs hors série et des luxueux yachts privés construits par la Compagnie Trans-Galactique. De taille plus importante, ils devenaient des vaisseaux à propulsion thermochimique à double flux. Il pouvait accueillir 50 voyageurs dans ses 40 cabines, et son armement consistait en accélérateurs de particules Wingrove.*

sule spatiale par des centaines de kilomètres de haubans ; la voile de plastique aluminé a la consistance d'une bulle de savon. L'astronef de Larry Niven et de Jerry Pournelle de **The Mote in God's Eye** (La Paille dans l'Œil de Dieu), revient de la Nébuleuse Nuée voiles hautes et vogue maintenant à six pour cent de la vitesse de la lumière. Tandis que la **pression** de la lumière peut être utilisée pour faire virer le vaisseau ou pour le ralentir, le vent stellaire qui souffle dans le vide absolu, uniquement constitué de noyaux d'atomes, imprime cette vitesse en frappant et en happant la voile, laquelle ne peut être actionnée afin de ralentir le mouvement. Là réside le problème car une collision avec le Soleil paraît inévitable.

La propulsion du vaisseau cosmique a toujours fait l'objet de descriptions minutieuses et les auteurs s'efforcent, souvent inutilement, d'exposer par le menu le **moyen** par lequel un vaisseau parvient à dépasser la vitesse de la lumière. Larry Niven est le premier à avoir fait appel au **statoréacteur :** une gigantesque bouche, béant à l'avant du vaisseau spatial et destinée à aspirer l'hydrogène interstellaire indispensable à la propulsion. Dans d'autres textes, sont imaginés des systèmes de propulsion ionique et photonique, à une époque où de tels moyens, excitants pour l'esprit, relevaient encore du domaine de la théorie. La force motrice chimique n'est le plus souvent utilisée que pour le lancement de la fusée spatiale, sa mise sur orbite puis sa pénétration dans le vide. La source d'énergie peut-être la plus insolite fut imaginée par Robert Sheckley dans son récit, **Specialist** (Le Spécialiste). Le vaisseau est constitué d'êtres extra-terrestres, chacun ayant une fonction différente : Murs, Nourriciers, Docteur, Parleur, etc. A la suite d'une tempête photonique, le Propulseur est tué et, de ce fait, le système de propulsion se trouve hors d'usage. Les êtres humains, semble-t-il, sont des « apprentis-propulseurs », aussi l'un d'entre eux est-il pressé de prêter son concours. La plus grande hardiesse et le talent littéraire sont indispensables pour convaincre le lecteur que l'exploit consistant à ainsi défier Einstein — c'est-à-dire à traverser le vide interstellaire en quelques minutes ou quelques heures à une vitesse supraluminique — est concevable. Le célèbre **Enterprise**

américain de **Star Trek** voyage dans l'hyperespace, le facteur déterminé permettant de voler à une vitesse plusieurs fois supérieure à celle de la lumière. Le saut dans l'hyperespace, d'Isaac Asimov, constitue un phénomène identique. Dans les romans de ce dernier, ce « saut » provoque quelques nausées mais demeure le seul moyen de traverser instantanément la galaxie. Le plus souvent l'hyperespace se présente sous l'aspect d'un univers étrange et merveilleux où rien n'est réel et où les étoiles se dissolvent, tel un liquide. Rappelez-vous la séquence de la Porte des Étoiles de **2001, l'Odyssée de l'Espace :** impressionnant, visuellement. Mais l'auteur est capable de susciter un même sentiment d'émerveillement au passage de la Porte des Étoiles et la zone étrange et hors de toute dimension de l'hyper / sous / sub / trans espace est dramatiquement franchie.

Dans l'ouvrage de Poul Anderson, **Tau Zero,** un vaisseau spatial ne parvient pas à réduire l'accélération constante qui le conduit vers l'ultime limite de la vitesse possible : celle de la lumière. En fonction des lois de la relativité, tout se déforme lorsque Tau Zero est atteint, ce moment précédant immédiatement le franchissement de la vitesse de la lumière ; l'astronef est gigantesque, le temps a perdu toute signification, et tout frémissement et toute vibration de la coque de l'engin n'est rien moins que le choc avec un autre univers violemment heurté tandis que le vaisseau file telle une étoile.

Les engins spatiaux, depuis l'aube de l'histoire de l'anticipation, ont pris une multitude de formes, depuis les boulets et obus du dix-neuvième siècle jusqu'aux embarcations en forme de flèche des classiques de l'avant-guerre, en passant par les gigantesques croiseurs percés de mille sabords de

Le I.C. Ortygia. *Un cargo typique construit dans la zone d'influence de Véga pour la Compagnie de Transport Interstellaire des Petits Mondes Fédérés : une firme de transports spatiaux établie depuis longtemps et fondée dès les premiers temps de la Seconde Fédération. Elle reliait notamment Procyon à Ree'hdworld et Aldébaran IV à Holman. Ces deux zones, maintenant le théâtre d'opérations militaires, sont extrêmement dangereuses. L'Ortygia fut lancé le jour jubilaire — 4 578 après J.-C. — et, afin de démontrer ses capacités, il fut chargé de 12 000 M.C. unités d'irénium destiné au complexe de Recherche Mondiale de l'Étoile de Bionco qu'il rallia 27 jours plus tard. Son déplacement temporel était de dix secondes/minutes, de sorte que la masse critique était atteinte en 15 jours. Le vaisseau explosa et donna naissance à la Nébuleuse de la Pieuvre.*

Droite : La station U F Way. *Les propriétaires de la Station Way, Rim Liners Galactic Ltd, une petite filiale de la Fédération, estimèrent qu'en sa qualité d'unité unique celle-ci n'offrait aucune rentabilité sur les routes régulières circumgalactiques. Aussi fut-elle transformée pour le service de luxe entre la Vieille Terre et les Abréïdes : un groupe d'étoiles constituant le monde le plus prospère de la Galaxie. Sa silhouette démodée ajoutait à son étrangeté — il fut construit sur le modèle des croiseurs et des cargos Solar interplanétaires du vingt-deuxième siècle — mais cela signifiait également qu'il était soumis à l'attraction gravifique.*

Ci-dessous : Cable and Thru Space C°. *Pendant les premières années de la Première Fédération, la Cable and Wireless se développa et devint la Cable and Thru Space C°. Voici un exemple d'une des stations de relais itinérantes de cette compagnie : un vaisseau de 225 mètres de long, de 400 000 tonnes, à moteur thermochimique à double flux, pouvant desservir et assurer l'entretien de 45 000 satellites.*

E.E. « Doc » Smith jusqu'aux insolites vaisseaux cylindriques que Fred Pohl lance dans **Gateway** (La Grande Porte), ou depuis le cercueil qui emporte le héros de C.S. Lewis à Perelandra (Vénus) jusqu'à l'énorme et complexe vaisseau spatial du **2001** de Kubrick.

Les astronefs en forme de sphères ou d'obus apparaissent à plusieurs reprises dans les temps héroïques, leurs occupants cramponnés à des courroies et à leur hamac, à seule fin d'amortir le choc lorsque l'engin est violemment projeté dans l'espace par la gueule de quelque gigantesque canon. Les Martiens de Wells (1) n'envahissent pas autrement la Terre, et c'est ainsi que les trois héros de Verne atteignent et survolent la Lune (2). Dans son splendide film, **The Shape Of Things To Come,** Korda expédie deux jeunes astronautes dans les étoiles, et le recul du canon utilisé pour le lancement tuant des milliers de per-

1) **The War of the Worlds** (La Guerre des Mondes, 1898).

2) **De la Terre à la Lune** (1865) et **Autour de la Lune** (1870).

sonnes. Au début de ce siècle, on abusa du principe de la pesanteur autant qu'aujourd'hui on abuse de la physique einsteinienne, et cela au nom de crédibilité, et à seule fin de débarrasser la littérature de banalités telles que la mécanique céleste.

La fusée, certainement issue des recherches européennes, fut une création de la littérature américaine. Les vaisseaux spatiaux des premières œuvres du genre sont tous effilés, aérodynamiques et possèdent un nez pointu ; ils sont dressés quelque part dans le désert, juchés sur quatre larges « nageoires » ? Reportez-vous aux **Aventures de Tintin** d'Hergé, ces extraordinaires bandes dessinées où le stéréotype est merveilleusement rendu, notamment dans l'album **On a marché sur la Lune.** Les astronefs étaient construits on ne sait où, parfois dans une arrière-cour, et ils démarraient vers l'espace sidéral à grand renfort de flammes, filaient dans l'infini — une traînée de feu jaillissant toujours de la proue — puis descendaient vers Mars dans une même atmosphère d'apocalypse : de cette matière merveilleuse se tissait l'étoffe des rêves. Il fallut attendre longtemps pour qu'on se décidât à envisager une silhouette de vaisseau non aérodynamique, plus longtemps encore pour comprendre que les astronefs pouvaient être construits ailleurs que dans le désert ou dans une arrière-cour et même qu'ils pouvaient être assemblés dans l'espace et, bien entendu, se présenter sous les formes les plus diverses. Mais la conception d'un système aussi complexe nécessitait la présence de navettes destinées à l'acheminement des aventuriers vers la surface de la planète. La complexité qu'implique un voyage vers la Lune aurait paru grotesque aux premiers maîtres de la science-fiction. Après tout, Eric Frank Russell, dans **And Then There Were None,** fait accomplir à son vaisseau spatial long de deux cent cinquante mètres un véritable plat-ventre sur un monde étranger, la fusée creusant un sillon d'un kilomètre de long et s'arrêtant après quelques embardées à quelques centimètres d'un paysan parfaitement indifférent. On n'envisageait pas alors, comme dans les années 1950, la présence d'amortisseurs. La machine qui emporte dans le cosmos les jeunes astronautes de Frederik Pohl dans **The Gold at Starbow's End** voit sa silhouette se métamorphoser à mesure que ses occupants entassent et construisent une foule de choses sur sa paroi externe, de sorte que l'engin finit par ressembler à une sorte de dépotoir volant. En même temps que l'on saisissait mieux les besoins et d'autres choses de l'espace, on réalisa la cruauté qui en découlait de même que l'on comprit que la masse, le carburant et l'accélération étaient fonction les uns des autres. Dans son récit **The Cold Equations** (Les Équations froides), Tom Godwin lance une fusée vers une colonie frappée par la peste ; l'engin transporte un chargement de médicaments si précisément calculé que le poids total du vaisseau, du fret, et du pilote doit permettre d'atteindre la planète à temps pour enrayer le mal. Un passager clandestin, une jeune fille espérant revoir son frère sur cette planète, par son seul poids freine l'avance de la fusée. La solution de la **froide équation** consiste à larguer l'indésirable ! Robert Heinlein quelques années auparavant, dans **Skylift,** avait traité un problème similaire lorsqu'il évoquait la force G nécessaire à une accélération capable de propulser le vaisseau dans l'espace interstellaire à une vitesse proche de celle de la lumière. Lorsqu'un fléau éclate à la Station Proserpine, sur la lointaine Pluton, il devient urgent de se mettre en quête d'un astronaute dont l'organisme pourra supporter une accélération de trois G et demi pendant plus de neuf jours et cela à seule fin que les secours arrivent à temps.

Le vaisseau spatial compte souvent beaucoup plus que celui qui le dirige et la science-fiction le comprit vite. Helva, dans

Le James Kirk, *un vaisseau de plaisance de la Fédération Solaire. A la fin du vingt-cinquième siècle, le* James Kirk *et son homologue le* Solar Trekkie *faisaient partie du Complexe Orbital des Loisirs gravitant autour de Mars (qu'on aperçoit à l'arrière-plan). Appelé le « Las Vegas de l'espace », le Complexe des Loisirs fit faillite et fut démantelé après 200 ans de service. Les deux astronefs d'étrange configuration, construits d'après un modèle terrien ancien, furent transformés en vaisseaux-ambulances, destinés à transporter les mineurs, employés sur les astéroïdes, vers les bases hospitalières de la Lune et de la Terre.*

Vous serez surpris d'apprendre que le Solar Trekkie *fut, en 2678, volé dans une station terrienne par une bande d'adolescents qui se faisaient appeler les Amis de Spock. Leur fugue s'acheva au terme de 14 jours passés dans l'espace : alors qu'ils tentaient de distancer un croiseur de la police de la Fédération, ils entrèrent en collision avec l'astéroïde Hermès provoquant leur propre destruction et celle de l'astéroïde qui, à cette époque, hébergeait la base Brosnan — colonie pénitentiaire australienne.*

The Ship who Sang de Ann McCaffrey, constitue le parfait spécimen du vaisseau cosmique sensible, du complexe homme-machine capable de ne faire qu'un avec son pilote. Helva est née contrefaite, une « chose » condamnée à moins qu'elle ne subisse avec succès les tests mentaux auxquels tous les nouveau-nés doivent être soumis. Elle doit sa réussite à sa difformité physique qui la lie intimement à la coque métallique de l'astronef :

« Au lieu de gigoter Helva répondait en actionnant ses roues ; au lieu de saisir avec ses mains, elle manipulait des extensions mécaniques ».

A mesure qu'elle grandit, un nombre accru de synapses se mettent en place pour actionner d'autres mécanismes liés à l'entretien et à la marche du navire spatial.

Helva, de fait, est l'un des deux « lobes cérébraux » d'un vaisseau-éclaireur, doué d'intelligence. L'avantage réside dans la rapidité des réponses de l'engin et dans le fait qu'il ne peut ni mentir, ni désobéir.

Les Berserkers de Fred Saberhagen, par leur destination, sont tout à fait différents. Originaires d'un autre monde, ce sont des vaisseaux-robots intelligents programmés pour détruire tout ce qui peut constituer la moindre menace pour leurs maîtres ou pour les désirs de ces derniers — ce qui en gros pourrait devenir : « Je hais l'Univers, tue-le ! » Voici également un extrait révélateur, tiré de **Fortress World** (Le Monde Forteresse) de James Gunn — la première série ayant pour sujet les guerres galactiques :

« Une telle machine pouvait planer au-dessus d'une planète colonisée par les hommes et, en deux jours, en réduire la surface en un nuage inerte de poussière et de vapeurs d'une centaine de mètres d'épaisseur ».

Des vaisseaux spatiaux errants abondent dans la science-fiction, la plupart étant des croiseurs-robots dotés de cerveaux programmés pour détruire et ultérieurement abandonnés par leur équipage à la suite de quelque fléau ou parce que le système de propulsion s'est faussé quelques milliers d'années auparavant. Ces engins surgissent du vide interstellaire à l'improviste et fondent sur les mondes habités. Seule une logique sans défaillance peut réussir à les dissuader de mettre en œuvre leur programme de destruction. Un récit de Norman Spinrad, dans **Star Trek,** « The Doomsday Machine », constitue l'un des meilleurs développements de ce thème.

Tous les vaisseaux spatiaux ne possèdent pas d'aussi gigantesques proportions. Dans le très sensible récit de Katherine Mac Lean, **Pictures Don't Lie,** une fusée renfermant des humanoïdes originaires d'un monde étranger entre pour la première fois en contact avec la Terre et les observateurs terriens distinguent sur leurs écrans de contrôle les visiteurs qui se déplacent avec des mouvements particulièrement lents. Le vaisseau se pose dans un champ proche mais aucun des guetteurs terriens ne le distingue. Lorsqu'ils sortent à sa recherche, l'un d'entre eux pose le pied sur une minuscule chose : l'écran se révélant incapable de rendre la relativité des dimensions. Rama, un vaisseau totalement différent par ses dimensions du précédent, est une machine extrêmement énigmatique, au centre du non moins énigmatique roman d'Arthur Clarke **Rendezvous with Rama** (Rendez-vous avec Rama) : un classique en son genre. En bref, Rama est un vaisseau venu d'ailleurs, aux proportions gigantesques. Les Terriens chargés de l'explorer ont peine à venir à bout de leur tâche étant donné les dimensions de l'engin. Des montagnes et des lacs se succèdent dans ses entrailles de sorte que le voyage dans Rama dure plusieurs semaines. Il a jailli de l'espace intersidéral et traverse le système solaire, en route pour une destination inconnue. Il existe une vie intelligente à bord mais le vaisseau est si vaste qu'aucun des êtres vivants ne se manifeste ; peut-être les étrangers sont-ils en animation suspendue ou peut-être se cachent-ils ? Rama véhicule son message d'intelligence dans tout l'univers et em-

Gauche : Vaisseau interstellaire fabérien de Liaison. *Au cours des années qui suivirent l'établissement de relations entre les Humains et les Fabériens, de nombreux astronefs de ce type s'infiltrèrent dans la zone d'influence de la Fédération dans des buts purement pacifiques. L'engin représenté ici, guidé sur l'orbite de Procyon IV par un petit « scooter » défensif de l'armée, représente l'un de ces lourds et gigantesques vaisseaux destinés au transport de troupes (par conséquent aussi au transport de voyageurs) et conçus pour acheminer de petites machines, particulièrement des robots. On ne possède aucune précision quant à sa fonction et à ses caractéristiques.*

porte les questions et leurs réponses avec lui lorsqu'il disparaît dans le vide interstellaire.

Le Vaisseau de Cristal (Crystal Ship) de Joan Vinge — un gigantesque astronef interstellaire entièrement en cristal — est peut-être l'un des plus étranges engins spatiaux de la science-fiction. En orbite autour de la Terre, ses occupants extraterrestres, occupés à rêver de leur passé, observent le monde bleu qui se déroule sous leurs yeux tout en menant une vie oisive et idyllique. Le vaisseau éclaireur **Dark Star** (L'Étoile Noire), du film tiré du livre si vivant de Dan O'Bannon et de John Carpenter, s'adresse à son équipage humain paranoïde d'une voix musicale charmeuse et féminine ; alors qu'ils traversent les Nuées Magellaniques à la recherche d'objectifs à bombarder, l'une des bombes du vaisseau présente un cas aigu de prise de conscience et manifeste son irritation lorsqu'il lui est ordonné de se désamorcer après avoir reçu l'ordre de s'éjecter. Elle emmêle une foules de choses entre ses fils-fusibles et toute la logique cartésienne ne suffira pas à la dissuader d'exploser.

Mais **L'Étoile Noire** possède des parois solides à la différence de l'**Écumeur des Étoiles** (Space Skimmer) de David Gerrold, un vaisseau « à champ à stases ». Il n'a pas besoin de parois métalliques car un champ de force invisible joue à la fois le rôle de coque et de source d'énergie. Les plaques métalliques sur lesquelles les hommes se tiennent, sur chaque côté, à tous les angles, sont les seuls objets visibles. Selon les propres définitions de l'auteur :

« Paillette d'étoile ! Telle fut sa première impression. Quelque chose de brillant, de doré, de scintillant, lançant des éclairs jaunes, rouges et blancs... éclats aveuglants d'argent et d'émeraude, d'améthyste et d'opale, de pierre de lune, de rubis et de diamant - certains, sculpturaux, agglomérés pour former une échappée de soleil sphérique ».

Un vaisseau original, en vérité, et tellement différent de l'astronef **Roger Burlingame,** pivot-clé de l'effroyable récit de David Gerrold, **Yesterday's Children** (Les Enfants d'Hier). Le **Burlingame** ressemble trait pour trait par sa silhouette, son « comportement », son fonctionnement et son équipage à l'**Enterprise.** Un équipage, constitué de personnages sans beaucoup de consistance, conduit le **Burlingame** d'une extrémité de la galaxie à l'autre, à la poursuite de ce que tous nomment familièrement un « bo-

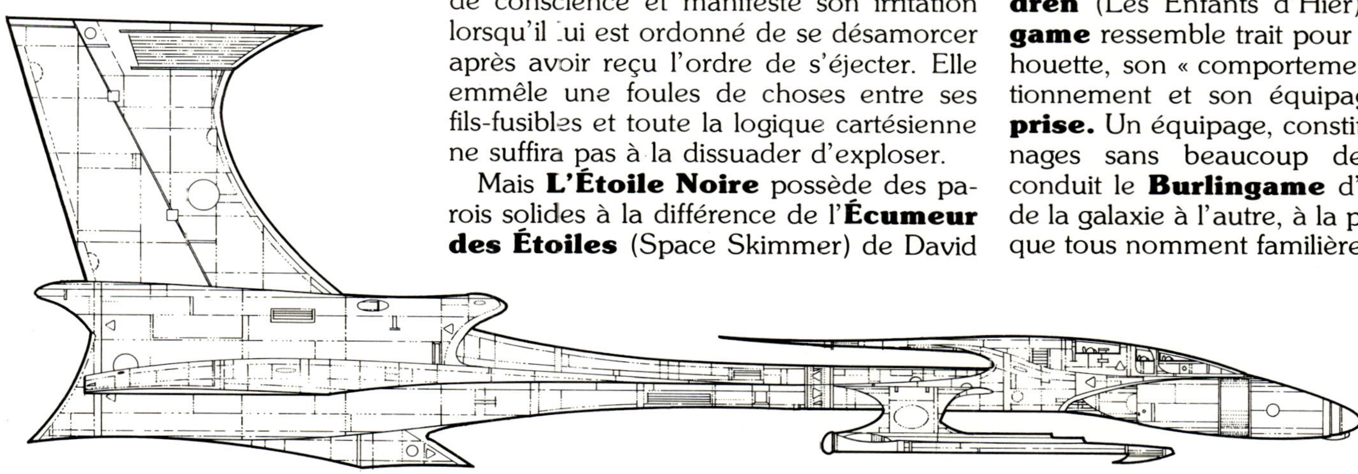

Stardart. *Le principal et le plus efficace vaisseau de combat de la Fédération terrienne : un astronef rapide, puissamment armé, adapté aux combats dans le vide comme en milieu fluide, y compris l'hydrosphère des grandes planètes. Son blindage se compose de champs gravitationnels et énergétiques recouvrant une coque de duralium. Neuf hommes sur les dix-huit que compte son équipage sont de quart à tout moment. Équipé d'un synthétiseur organique ainsi que d'un système d'animation suspendue, le vaisseau constitue à lui seul un complexe de survie. Son système de propulsion thermochimique à double flux peut être relayé par des réacteurs photoniques de renfort plus conventionnels. L'innovation du* Stardart *en matière d'armement consiste en la présence de* Claws *: un dispositif laser occupant toute la longueur de l'astronef.*

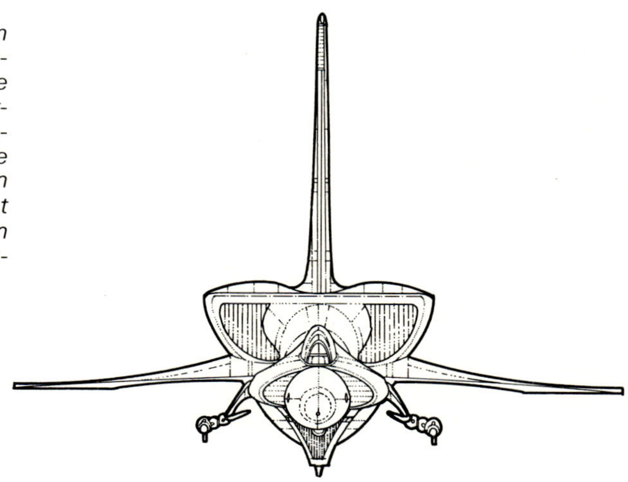

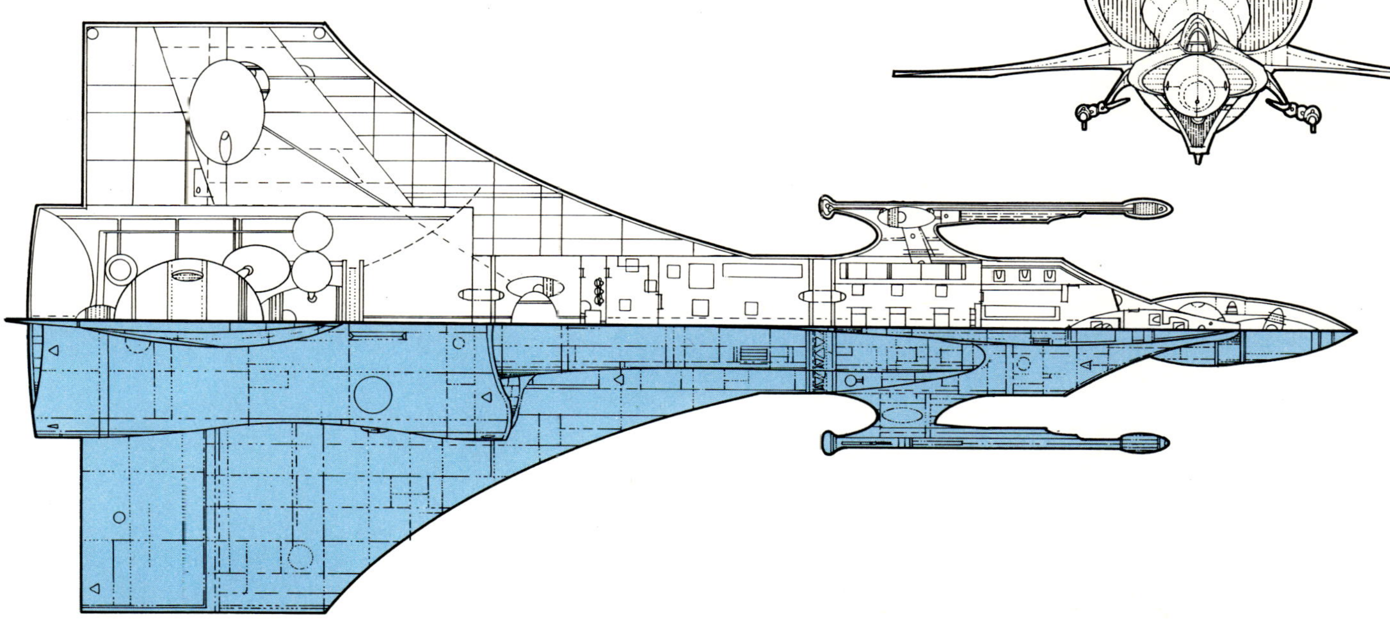

gie » (1) : ce vaisseau étranger n'étant autre que leur propre reflet.

Les **Okies** de James Blish, des villes entièrement enfermées dans des dômes par d'énormes machines anti-gravitation appelées **Spindizzies,** constituent peut-être un modèle en leur genre. Ces villes de Scranton, New York, Pittsburgh et autres, toutes d'importants centres industriels, maintenant appelées **Okies** (2) s'arrachent de la surface de la terre ; dotées de substances nouvelles assurant leur longévité, elles s'élancent à l'assaut des étoiles.

Mais les cités nomades ne sont pas seules dans l'espace. Loin de la Terre, la Société de l'Espace Interstellaire appelée **Retort City** (La Ville Cornue), flotte comme pétrifiée sur le fond noir de l'espace, à mi-chemin d'Altaïr et de l'Étoile Barnard. Barrington Bayley, dans son excellente nouvelle **Collision Course,** décrit Retort City : une ville construite dans une bouteille. Sa paroi externe, vitreuse, transparente permet à un observateur placé dans l'espace de discerner à l'intérieur de l'enveloppe de verre une sorte de fuseau double — le plan général de la structure interne de la ville — un flamboiement silencieux de lumières et de formes mouvantes. Retort City se singularise par ses déplacements à l'intérieur de la bouteille.

Les vaisseaux hébergeant plusieurs générations successives constituent une autre espèce de villes nomades. La science-fiction comprit vite que, si l'on ne pouvait voyager à une vitesse supraluminique, un vaisseau pouvant accueillir plusieurs centaines de générations de colons virtuels serait la seule façon possible de conquérir les étoiles. Cela ne se termine pas toujours pour le mieux. L'astronef qui chemine laborieusement à travers l'espace, dans la nouvelle de Van Vogt **Destination Centaure** (Far Centaurus), met des centaines d'années pour atteindre Alpha du Centaure ; l'un des membres de son équipage sortant tous les cinquante ans de l'animation suspendue dans laquelle tous sont plongés pour vérifier que tous les systèmes fonctionnent. Lorsque le vaisseau atteint

1) Un « bogie » est, en langage familier, le terme appliqué à un avion ennemi.

2) **Okie :** travailleur migrant. De nombreux fermiers de l'Oklahoma devinrent des ouvriers migrants lors de la crise de 1930.

Archie Bunker s'élance vers les étoiles : *une scène extraite d'un des « opéras spatiaux » les plus populaires du vingt-quatrième siècle. Archie Bunker, terriblement offensé d'avoir dû consentir à se ravitailler en carburant dans une station-relais peinte en rouge, dirigée par un métis terro-véguien, a endommagé à coup d'explosif la coque de son astronef le* Middle-America. *Il tente maintenant de réparer les dégâts tandis que sa fille, tout en maintenant le long câble, essaye grâce à son spatiotransmetteur de le convaincre que ce n'est pas en découpant le revêtement métallique de l'écran thermique maintenant superflu qu'il y parviendra.*

Station de ravitaillement interstellaire. *Pendant la période qui précéda les vols spatiaux directs, les vastes entrepôts de carburants chimiques jouèrent un rôle capital pour les vaisseaux en contrebalançant les effets de la gravitation et des Étoiles Noires. Lorsqu'on cessa d'utiliser les carburants chimiques, les stations-relais furent transformées en restaurants interstellaires et en centres de repos. Ce spatiocentre, situé dans la zone d'Orion, porte le nom de New Port Paganal.*

l'étoile, les passagers découvrent naturellement que la technologie a fait de gigantesques progrès sur Terre de sorte que la galaxie est déjà colonisée grâce à un système de propulsion permettant de dépasser la vitesse de la lumière. Les événements qui se déroulent à bord du vaisseau ne manquent parfois pas de saveur car, bien entendu, on oublie quelque peu le projet initial et le gigantesque vaisseau, avec les différentes générations qu'il abrite, devient un monde à part entière pour ceux qui vivent à l'abri de sa coque d'acier. L'arrogant garçon de **Thirteen to Centaurus** de J.G. Ballard, repère un orifice dans la coque du vaisseau d'où il peut observer les vastes serres. Les mécanismes complexes se détraquent parfois comme dans **Croisière sans Escale** (Nonstop) de Brian Aldiss où les hydroponiques ont échappé à tout contrôle pour transformer le vaisseau géant en une véritable jungle. **Target Generation** (La Génération Finale) de Clifford D. Simak met l'accent sur la façon dont les croyances religieuses parviennent à ressurgir au travers d'anciens souvenirs de la Terre, le culte du Grand Arbre se substituant à celui de Dieu. Le vaisseau poursuit son interminable voyage, les générations succèdent aux générations lorsque, enfin, deux jeunes gens contreviennent aux lois de cette société. Ils explorent les corridors interdits et se retrouvent à d'autres niveaux ; enfin ils atteignent la salle des commandes où est consigné le programme du vaisseau, qu'ils modifient. L'astéroïde creux d'Harry Harrison, hébergeant à sa surface une culture aztèque et une civilisation à la technologie hautement développée dans les galeries de l'intérieur, constitue un trait d'union entre le thème des villes nomades et celui des vaisseaux-cités.

La difficulté avec ces vaisseaux-générations consiste en leur allégeance à la relativité. L'inimitable E.E. « Doc » Smith, dont les Fulgurs comptent parmi les super-héros galactiques du **Space opera** classique, ne s'encombre pas de telles restrictions. Smith évite les descriptions minutieuses des astronefs ; ces super-dreadnoughts sont sphériques ou en forme de cigare, sont truffés de hublots et une chose demeure certaine... ils sont véritablement ÉNORMES et, l'auteur de répéter à maintes et maintes reprises que leurs dimensions défient l'esprit humain incapable de concevoir de telles proportions.

ZG

Gauche : La Grande Explosion. *La formidable expansion vers les étoiles, à maintes reprises prédite dans les récits anciens des dix-neuvième et vingtième siècles, débuta vraiment vers les toutes dernières années du vingt-cinquième siècle, lorsqu'on découvrit la relation existant entre le déplacement temporel et l'énergie hyperatomique. Dans cette peinture, due au talent de Patrick Woodroffe, on peut observer certains vaisseaux interstellaires primitifs : des engins lourds, chargés de carburants chimiques et de provisions inutiles. Le pourcentage de succès des premiers voyages interstellaires était inférieur à 25 %.*

Ci-dessous : Les Villes Nomades. *Au tout début du Premier Empire, de nombreuses villes surpeuplées du continent américain furent arrachées de la croûte terrestre et projetées dans l'espace à l'aide d'engins anti-gravitation, lourds mais cependant très efficaces appelés Spindizzies. Ici, la ville de Scranton attend d'être ravitaillée par un petit cargo interplanétaire.*

En résumé, la science-fiction a longtemps utilisé les vaisseaux spatiaux comme des éléments pseudo-scientifiques superficiels ne requérant que de sommaires descriptions où l'on s'est contenté de dépeindre hâtivement les statoréacteurs béants ou les coques lisses en alliage d'acier. Lorsque le rôle de l'astronef dépasse celui d'un simple moyen de transport spatial, l'engin devient symbole de vitesse, métaphore d'acier et de verre. Et tout naturellement, en raison de son inévitable silhouette cylindrique et de sa façon de pénétrer, même de forcer son passage, dans le vide matriciel de l'univers, le vaisseau spatial est chargé d'un tout autre symbole.

Cependant, lorsqu'on examine un vaisseau spatial de Chris Foss il est difficile d'y découvrir forcément un quelconque symbole. Dentelés, déformés, étranges, évoquant quelque ustensile courant, ils occupent une place à part dans la science-fiction probablement parce qu'ils sont de loin beaucoup plus réalistes que tous ces croiseurs interstellaires aérodynamiques trop volumineux pour s'arracher à la pesanteur malgré leur silhouette effilée. Foss a placé

Gauche : Canyon Launch. *La Panglobal Ocean and Deep Space Administration (PODSA) a construit 20 plates-formes de recherche et de lancement dès les premiers balbutiements de l'exploration interplanétaire. Les plates-formes Dorey — d'après leurs constructeurs — pouvaient aussi bien flotter sur les océans que dans les gorges profondes et, propulsées par l'énergie chimique, s'élancer en orbite puis de là gagner les planètes. Elles doivent une partie de leur succès aux moteurs à répulsion A G-M, qui, selon toute hypothèse, furent les précurseurs du Spindizzy, beaucoup plus grand et puissant. La plupart des plates-formes Dorey gravitent maintenant autour de Saturne.*

Ci-dessous : Irrikon, une ville de l'espace. *Cette gigantesque ville de l'espace appartenait à la flotte de ces cités stellaires qui surgirent de l'espace intergalactique, peut-être en provenance de la galaxie M 31, pour se placer en orbite de l'étoile double Cassiopée. Quelques très rares contacts furent établis avec les habitants, de petits humanoïdes ressemblant à des insectes et dotés de grandes ailes membraneuses. Toutefois quelques vaisseaux de la Fédération, trop audacieux, furent repoussés avec la plus extrême violence. Les vaisseaux d'Irrikon séjournèrent dans la zone d'influence de la Fédération pendant la majeure partie du Second Empire puis quittèrent à jamais la galaxie. La transformation de leur étoile d'origine en nova contraignit toute la population irrikonienne à mener cette vie nomade : explication la plus plausible de leur existence.*

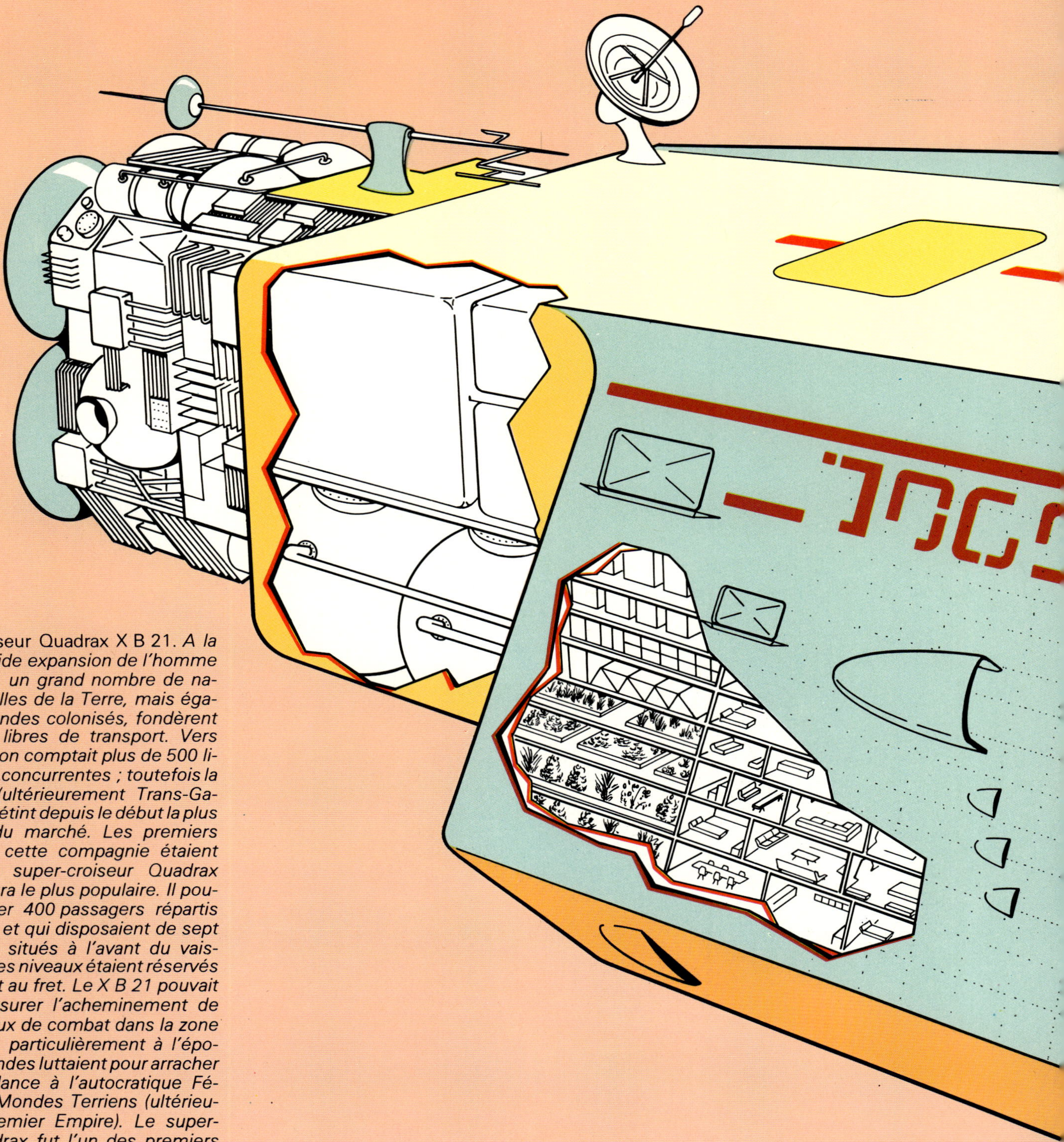

Le super-croiseur Quadrax X B 21. *A la suite de la rapide expansion de l'homme dans l'espace, un grand nombre de nations industrielles de la Terre, mais également de mondes colonisés, fondèrent des Sociétés libres de transport. Vers l'année 2880, on comptait plus de 500 lignes spatiales concurrentes ; toutefois la Trans-Stellar (ultérieurement Trans-Galactique) Inc. détint depuis le début la plus grande part du marché. Les premiers vaisseaux de cette compagnie étaient mixtes et le super-croiseur Quadrax X B 21 demeura le plus populaire. Il pouvait transporter 400 passagers répartis sur huit ponts et qui disposaient de sept vastes salons situés à l'avant du vaisseau. Les autres niveaux étaient réservés à l'équipage et au fret. Le X B 21 pouvait également assurer l'acheminement de petits vaisseaux de combat dans la zone des hostilités, particulièrement à l'époque où les mondes luttaient pour arracher leur indépendance à l'autocratique Fédération des Mondes Terriens (ultérieurement le Premier Empire). Le super-croiseur Quadrax fut l'un des premiers vaisseaux galactiques propulsés par des moteurs hyperatomiques et une version primitive du système thermochimique à double flux. Sa capacité en carburant liquide était gigantesque et il possédait une petite pile au thorium. Actuellement, il ne subsiste que trois Quadrax : tous conservés dans des musées terriens de l'Espace.*

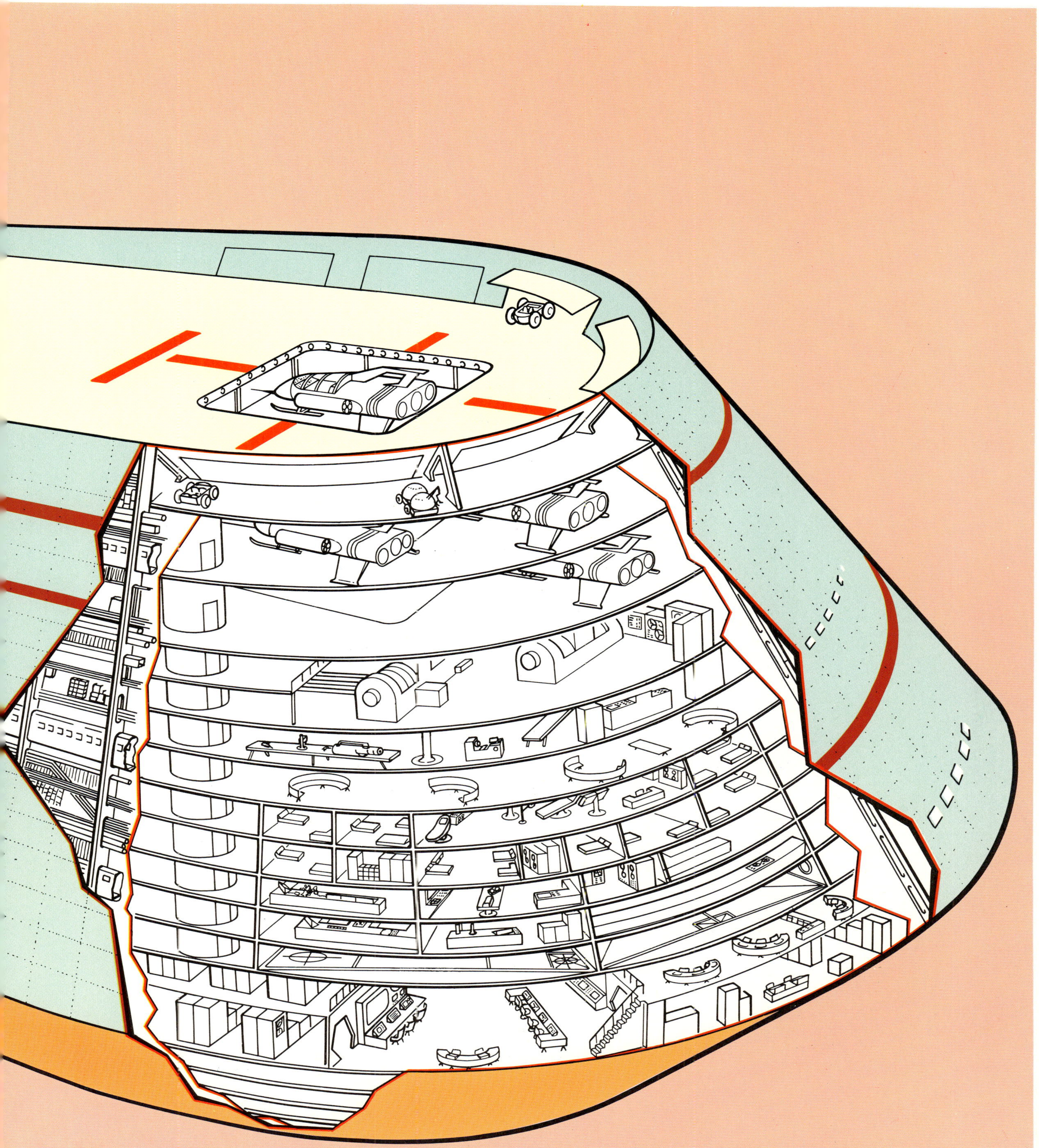

Gauche (haut) : Le Byron Lizzard, *croiseur de transport public inter-système, également surnommé « L'Araignée ». Le* Byron Lizzard, *qui assurait le transport des voyageurs, fut mis en service dans les premières années du vingt-neuvième siècle, alors que les vols interstellaires n'en étaient qu'à leurs balbutiements. Ce croiseur assurait à moindres frais la liaison entre les planètes du système solaire. Lorsqu'il se trouvait sur une orbite proche d'une planète, il requérait l'assistance de « remorqueurs-élévateurs », représentés ici, à seule fin d'être maintenu sur cette orbite. Au bout de quelques années, il fut mis hors service et remplacé par le croiseur Sidey, beaucoup plus efficace et apprécié qui alliait une silhouette aérodynamique à des caractéristiques de manœuvres inhabituelles sur un astronef solaire. La Compagnie par la suite prit le nom de Compagnie Trans-Galactique et non Interworlds Thruspace comme on le croit généralement.*

Gauche (bas) : Le U.F. Isaac Asimov. *L'*Isaac Asimov *desservait Trantor et Proxyon III, à cette époque un monde hautement industrialisé. Il fut réalisé pendant la période de transition séparant les Première et Seconde Fédérations, un laps de temps (selon l'échelle terrienne) de 60 années. Ce fut à cette époque, l'âge d'or de la libre entreprise et de l'invention, que les mondes industrialisés lancèrent sur le marché une quantité de machines extraordinaires : des vaisseaux assurant à la fois le transport des voyageurs et des marchandises. Longueur : 10 800 mètres ; masse : 280 000 tonnes ; déplacement spatial : 56 ziemens ; facteur C 28.4 (29.1 à vide) ; capacité de régénération de la matière extraordinairement élevée (12 hf) et le vaisseau était équipé de deux générateurs thermochimiques à double flux ; einvélocité maximum C X 4, avec un déplacement de trois secondes/minute en vitesse de pointe.*

Droite : Le Rohan-Langford, « *l'Oreille Sourde* » : *système de brouillage du sub-espace. Voici une des premières versions opérant ici à proximité de la zone des combats, dans la Nébuleuse Hounslow.*

l'horreur au plan de l'art : ses associations audacieuses de ferraille, de panneaux, de carcasses et de tuyauteries parviennent à susciter l'émerveillement. Il est extrême-ment malaisé de choisir entre sa vision tout à fait personnelle d'un futur fantastique métallique et celle d'un Chris Moore, avec ses représentations précises d'un vaisseau spatial s'approchant des édifices démesu-rés des Spatioports de l'avenir.

Ci-contre : Une épave de l'espace. *Représentation d'une épave pré-terrienne découverte en orbite autour du monde splendide de l'étoile de Seemon et, selon toute hypothèse, originaire d'un empire fondé dans la zone galactique du Sagittaire par les précurseurs des Ja'cracharakks actuels. Ces extra-terrestres pacifiques et assez primitifs occupent trois mondes du même système stellaire ; indice de leur aptitude aux voyages spatiaux.*

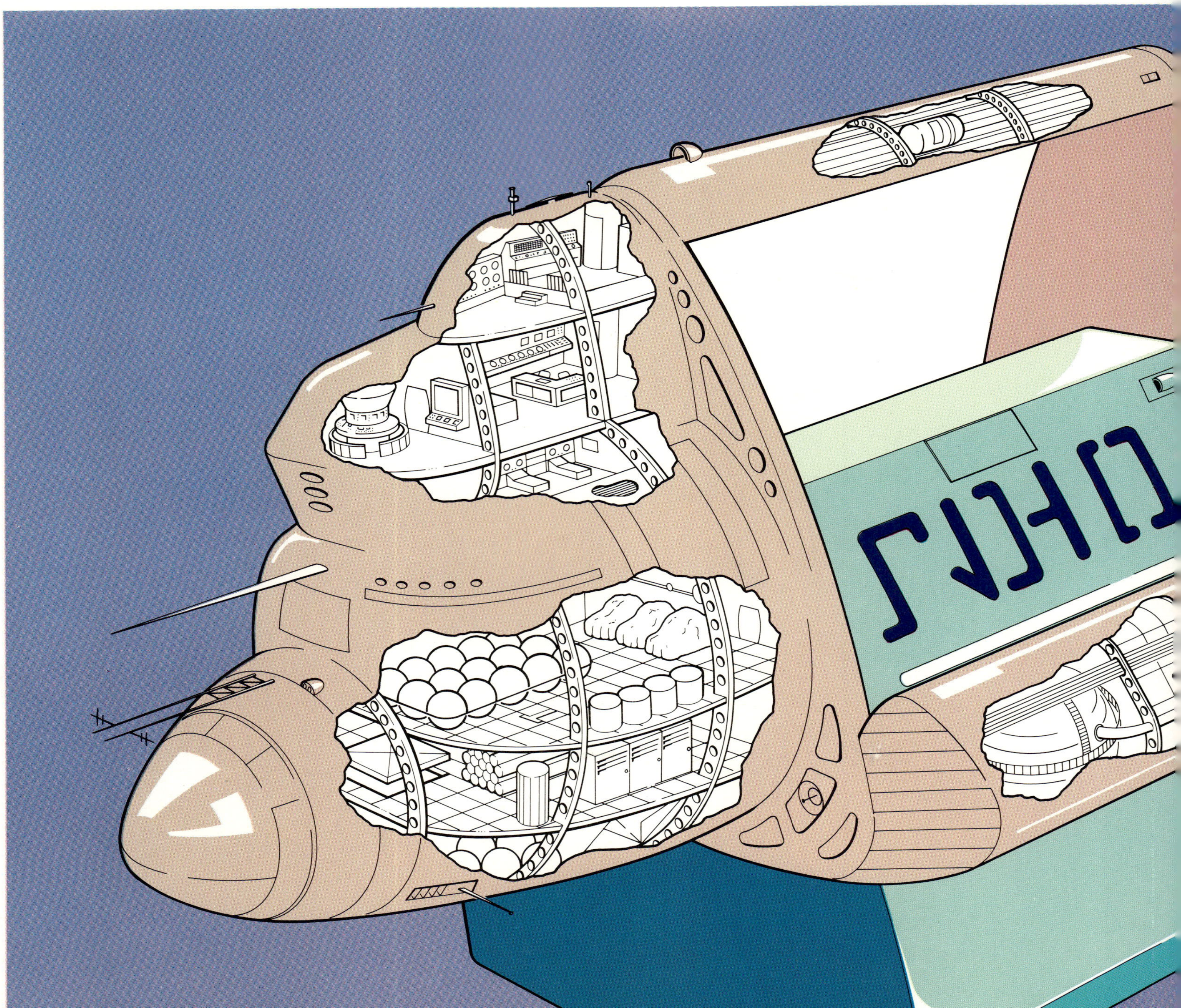

Vaisseau-colonie terrien Classe D. *La navette Tessat, un bâtiment de combat à propulsion au thorium. Vaisseau de charge, la navette Tessat était presque exclusivement transportée par le gigantesque vaisseau-colonie Classe D. Ces engins disposaient d'une capacité de vol très réduite et étaient conçus pour se glisser au travers de l'atmosphère jusqu'à une aire d'atterrissage où ils déchargeaient leurs cales et les rechargeaient. Bien entendu, à l'occasion de conflits, les navettes furent utilisées pour acheminer des hommes et des machines : les cales étaient modifiées en conséquence. La navette Tessat était essentiellement dotée d'un système de propulsion chimique et atomique. La proue effilée en forme de cône donnait à l'engin un certain aérodynamisme, la massivité du reste de l'appareil étant justifiée par les cargaisons parfois extrêmement volumineuses qu'il était appelé à transporter, par exemple des habitations préfabriquées. L'équipage, bien que s'élevant à vingt hommes, ne disposait que d'un espace très réduit. Chaque engin comportait une importante puissance de feu, essentiellement des canons Tandy au platinium.*

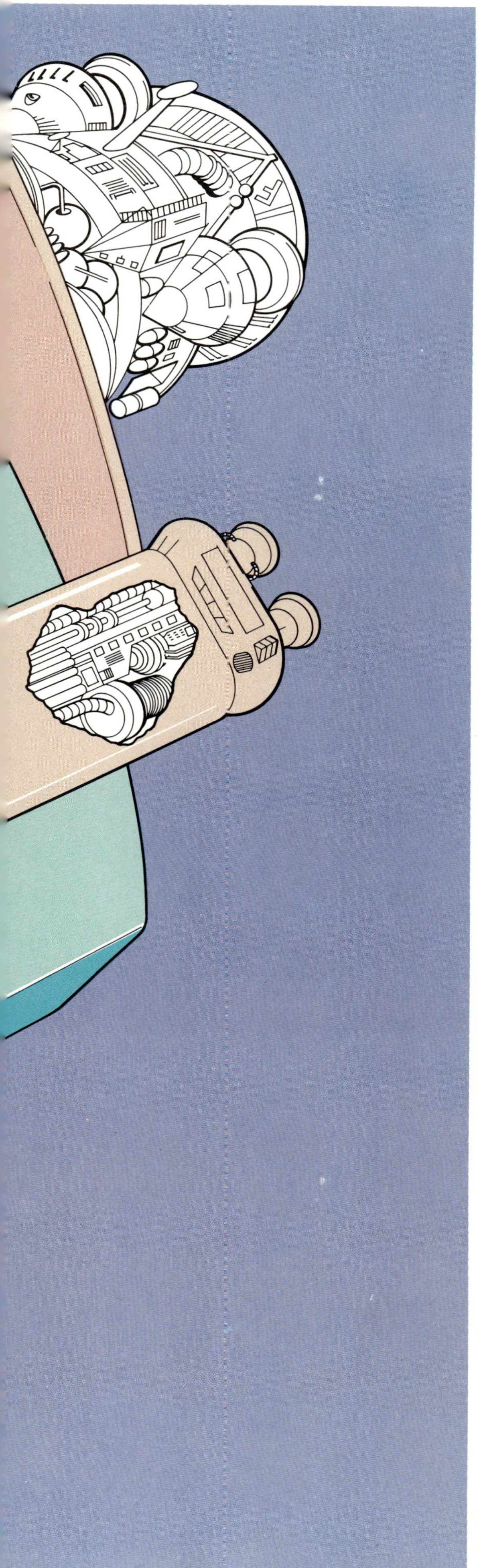

Ci-dessus : Vaisseau-colonie terrien Classe D, *engin éclaireur et de reconnaissance. Ces astronefs volant à une vitesse inférieure à celle de la lumière étaient conçus pour évoluer sur des orbites éloignées ou rapprochées autour de toute planète visée pendant trois ou quatre semaines. Chaque vaisseau-colonie transportait vingt vaisseaux-éclaireurs de ce type, qui pouvaient être transformés en engins terrestres, marins ou aériens.*

Ci-dessous : Vaisseau-colonie terrien Classe D : *poste de contrôle. Ce centre de commande extensible peut se replier à l'abri d'un écran protecteur au duralium de 9 mètres d'épaisseur. Les vaisseaux-colonies étaient des astronefs assurant le transport de passagers et, en même temps, ils faisaient office de vaisseaux de guerre. La plus grande partie de leur espace étant occupée par le fret destiné au Nouveau Monde, ils contournaient le plus souvent les zones des combats et volaient à des vitesses C extrêmement réduites.*

Paj 77

Guerres de l'espace

2

Pour l'ensemble des hommes la guerre équivaut à l'enfer, mais pour l'écrivain de science-fiction la guerre est source d'inspiration, lui permettant une infinité de variations se rapportant aux guerres des États, aux guerres des Insectes ou des Esprits et même à celles des Sorcières.

A mesure que s'intensifiaient les voyages interstellaires et partant l'explosion démographique, la valeur de la vie humaine ne cessait de décroître ; les machines de guerre devinrent les héros et la guerre elle-même se transforma en un symbole de la domination humaine, pas seulement sur son propre monde souvent pollué mais sur tout ce que compte l'Univers. Les dimensions des vaisseaux de guerre s'accroissaient en même temps qu'apparaissaient des armes plus effrayantes et que les voies de la mort se diversifiaient.

La guerre apparut très tôt dans le roman d'anticipation ; H.G. Wells rapporte d'horribles événements et leurs répercussions, conséquences d'une invasion de la Terre par les Martiens. **La Guerre des Mondes** constitue une guerre de conquête. Mars, surpeuplée et épuisée, envoie ses vaisseaux de guerre — ou tripodes — vers les vertes prairies terriennes.

Dustbowl. *Ainsi nommait-on la station K G x I 46, l'une des plus importantes stations interplanétaires jamais lancée par l'armée terrienne au cours des Guerres de Zone. Son nom lui vient de la surveillance qu'elle exerçait dans la Nébuleuse Nuée et de ses statoréacteurs qui, en aspirant la matière interstellaire, lui permettaient d'atteindre une vitesse très élevée. Toutes les stations de ce type étaient dotées d'équipements spéciaux comme des Rohan-Langford, systèmes de brouillage plus connus sous le nom familier de « Sourde-Oreille » ; d'Elerac K T H, armes nouvelles d'accouplement ; de K.Y.L.E., brouilleurs positroniques s'attaquant aux robots militaires. Sa puissance de feu, des dispositifs laser dépassant 40 000 multi-vac, était considérable. Elle pouvait acheminer 20 000 hommes auxquels venaient s'ajouter l'équipement et les vivres nécessaires pour dix ans. Des hyperécrans d'énergie assuraient sa protection.*

Par la suite, la Terre subit plus d'invasions que la plupart des lecteurs ne se l'imaginent. Les envahisseurs, surgis de tous les horizons de l'Univers, fondent sur la planète, afin de s'emparer de nos terres, de peupler nos océans ou d'exploiter et de soumettre nos peuples. Certains d'entre eux, comme les héros du récit de Eric Frank Russell **Into your tent I'll creep,** en débarquant se sont aperçus que la véritable intelligence sur terre n'était pas l'apanage de l'homme, mais du chien. D'autres sont venus dans des intentions pacifiques, mais des généraux mégalomanes au cœur d'acier ont toujours fait taire la voix de la raison, de sorte que les tanks tirent sur d'inoffensives soucoupes volantes, ou bien les formes de vie extra-terrestres à l'aspect trop étrange périssent victimes d'engins de mort avant même d'avoir pu proférer le moindre son.

Parfois les armées d'invasion se présentent sous la forme de hideuses créatures semblables à des limaces, comme celles que décrit Robert Heinlein dans son roman **Marionnettes Humaines** (The Puppet Masters), qui se fixent sur l'épine dorsale des êtres humains dont elles prennent possession ; parfois elles s'emparent de l'esprit des hommes dont elles détruisent toute conscience pour se servir de leur corps comme de machines : **The Invasion of the Body Snatchers** (L'invasion des profanateurs de sépultures) en constituant une illustration. Parfois les envahisseurs humanoïdes à la peau verte parcourent tous le pays, en assujettissent les habitants mais succombent aux menées, aux séductions et aux ruses de notre espèce — évidemment — supérieure et plus résistante. Eric Frank Russell, Robert Silverberg et Christopher Anvil exploitèrent largement ce thème dans les années 1950, exposant les nombreux artifices et astuces par lesquels l'homme réussit à tromper l'adversaire en dépit de l'immense supériorité

Gauche : Mercenaires arisiens. *Au cours de la Guerre Finale, que se livrèrent les systèmes planétaires industriels de Saros et de Tucana M., de nombreux mercenaires arisiens et duriniens furent recrutés pour les combats au sol. Leur flexiarmure était constituée d'un alliage d'irinium, de titanium et de carbone conducteur et leur heaume, de fer pur, portait les cornes tribales des arisiens. Leur armement, fourni par la Fédération, se composait de lance-faisceaux de 6 d'un rendement de 400 balles explosives de contact à la seconde.*

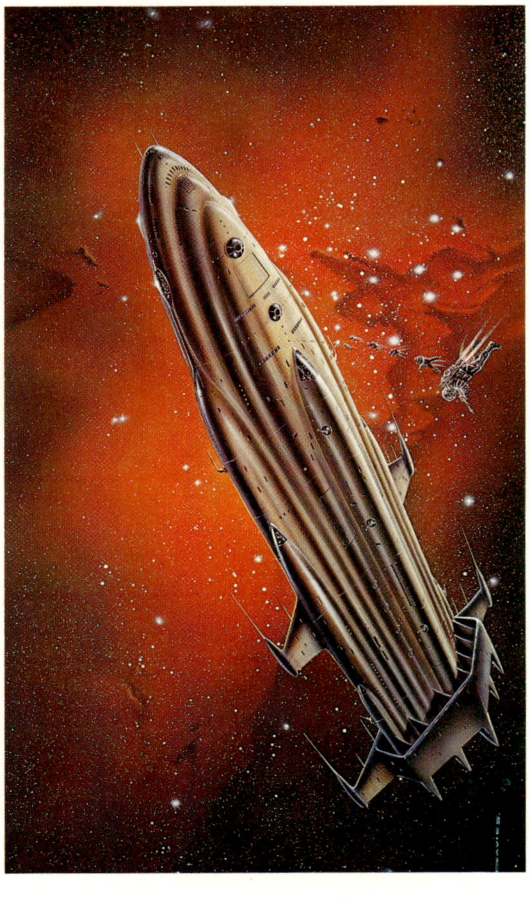

Droite : Les Patrouilles de l'Espace. *On peut observer ici les fantassins de l'espace manœuvrant aux abords de leur croiseur de transport, un cargo de ligne spatial construit à l'origine par la Corporation Coloniale Interstellaire et par la suite modifié et armé en vue de sa participation aux Guerres de Zone.*

technologique de ce dernier. L'homme l'emporte toujours non seulement dans les pulps (1) mais encore au cours de la période suivante. Dans le roman maintenant classique de John Wyndham **The Day of the Triffids** (La révolte des Triffides), les créatures étrangères végétales s'animent lorsqu'elles réalisent que la population terrestre est devenue aveugle et commencent à mettre en œuvre leur programme d'invasion. Seule une poignée d'êtres humains qui parviennent à gagner une île hors de portée des spores triffides, leur échappe. E.E. « Doc » Smith comprit, lui aussi, que toute espèce capable de traverser l'espace intersidéral serait dotée d'un armement si efficace et si redoutable qu'elle aurait tôt fait de soumettre les villes humaines et de réduire l'homme lui-même à l'impuissance ; par exemple, dans **Triplanetary** (Triplanétaire), alors que le vaisseau étranger aspire le métal de notre monde, il décrit :

> « Le vaisseau névien, parfaitement visible, planait à haute altitude au-dessus de notre métropole. Méprisant les pitoyables armes humaines, il restait là, sa belle et sinistre silhouette se découpant nettement sur le ciel sans nuage. De sa coque brillante descendait une tige ténue et cependant rigide d'énergie pourpre... Les immeubles, les gratte-ciel fiers de leur majestueuse symétrie s'effondraient la-

1) Revues populaires bon marché dont le papier était de si mauvaise qualité qu'on le dénommait **pulpe** (Jacques Sadoul).

Gauche : Earthship Lifebane (E.S.). *Après sa chute dramatique sous les tropiques de la Vieille Terre, le* Lifebane *fut pendant de nombreuses années, considéré comme impropre au service. Son moteur à « injection spatiale » (visible maintenant que les nomades du désert ont arraché une grande partie de son écran protecteur en plomotungstère) ne lui permettait qu'une vitesse égale à deux fois celle de la lumière ; à cela venait s'ajouter son énorme déplacement temporel, aussi l'engin ne pouvait-il être utilisé que sur des distances très limitées. Son armement, en majorité constitué de mines, de lance-faisceaux et de caissons lance-torpilles Parker, était des plus primitifs. Il fut abattu sur Terre par un croiseur fabérien de Classe Soudot.*

Droite : Le Dorey-Montgomery C P S. *Un des robots totalement programmés pour les combats au sol et le transport du matériel. Utilisés au cours des premières années des Guerres de Zone, ils se révélèrent bientôt inefficaces face aux nouveaux lance-faisceaux. Plus de 40 millions de C.P. (Complexes positroniques) furent construits. Ils mesuraient deux mètres soixante-dix, possédaient des percepteurs rétiniens grand angle à la phospho-iodine et étaient dotés d'un programme comportant plus de 20 000 instructions alternatives, chacune renfermée dans un complexe cellulaire relié aux circuits cérébraux positroniques, en cuivre et sodium. Incapables de tuer ou de blesser leurs adversaires, ils avaient pour mission de les désarmer et de les faire prisonniers. Malheureusement, la moindre avarie de leur complexe cellulaire favorisait le développement de tendances agressives de sorte que les robots atteints se retournaient volontiers contre leur propre armée. Des armes automatiques les remplacèrent après la bataille de Jackson'S Rift sur Algol 3.*

mentablement tandis que s'évanouissait leur squelette d'acier ».

Bien entendu l'homme livre également combat à l'homme, fréquemment dans des buts expansionnistes et plus souvent encore au nom d'une idéologie. Ces « escarmouches » planétaires s'achèvent inévitablement par la création d'un désert empoisonné par les radiations ; l'holocauste réduisant le monde en un tas de ruines. Les survivants, les astronautes nouvellement débarqués rampent tous parmi les gravats et par la suite reconstruisent une civilisation, une société et, bien entendu, fabriquent des armes !

Il y a longtemps que l'on tint compte de cette ironie cruelle et peut-être est-ce à Walter Miller que revient le mérite de l'avoir le mieux exprimée dans **A Canticle for Leibowitz** (Un Cantique pour Leibowitz). Des centaines de romans décrivent des hommes se débattant au sein de la poussière irradiée, résultat de conflits insensés de sorte que le thème « après le désastre »

Gauche : Couverture de la revue « Startling Stories ». *Comment l'homme se représentait la guerre spatiale et les attaques interplanétaires à l'époque où il n'avait pas encore conquis les airs. Cette illustration, extraite d'un magazine de science-prédiction du XXe siècle, fut utilisée pour remonter le moral des troupes basées dans le système de la Lyre et engagées dans des combats les opposant à l'Empire Thangien. On y peut observer des fusées spatiales à propulsion thermique occupées à bombarder les édifices de briques et d'acier qui furent remplacés, au cours de la Récession du vingt-troisième siècle, par les pyramides basses de transparacier identiques à celles qui recouvrent la Terre.*

Ci-contre : Un King Crab. *Cette machine blindée offensive et défensive fut surnommée le* King Crab *(Le Roi Crabe), en raison de ses immenses bras extensibles qui se déployaient sous la carapace d'alliage au titanium, afin de permettre à l'engin d'escalader et de descendre les falaises les plus escarpées. Il se déplaçait à une vitesse de 135 km/h, son équipage se composait de deux hommes et il pouvait soutenir une attaque pendant des heures. Utilisé pendant les guerres de la Lyre, celui-ci vient d'être pris d'assaut par un membre d'une tribu du monde colonisé de Newgrange. Les tribus furent décimées lorsque la guerre ravagea leur territoire.*

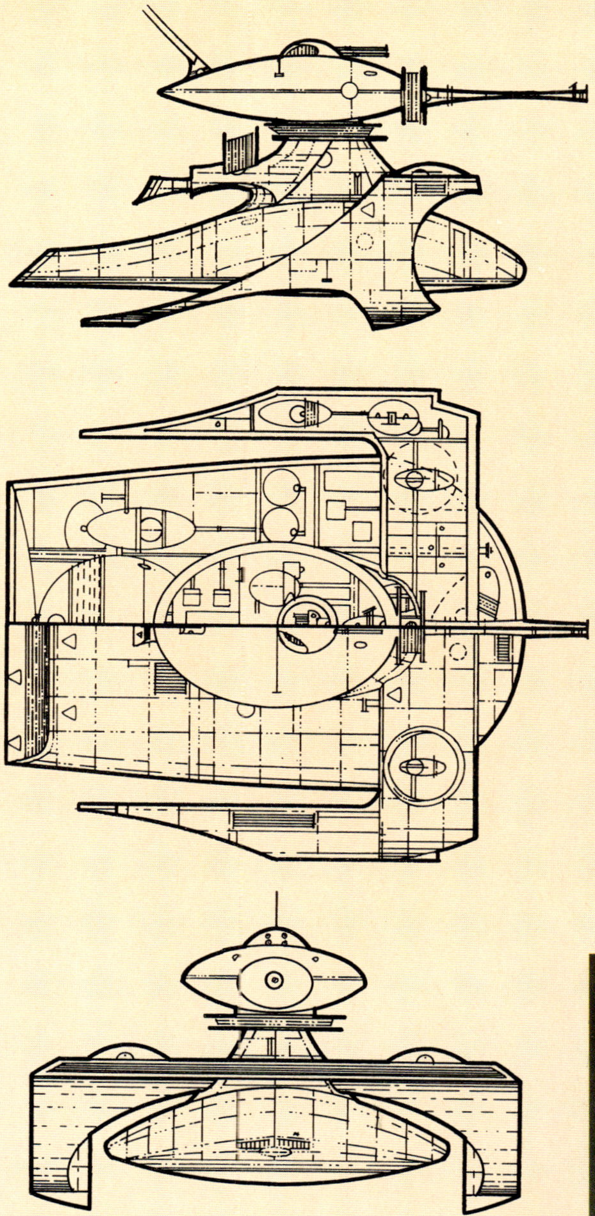

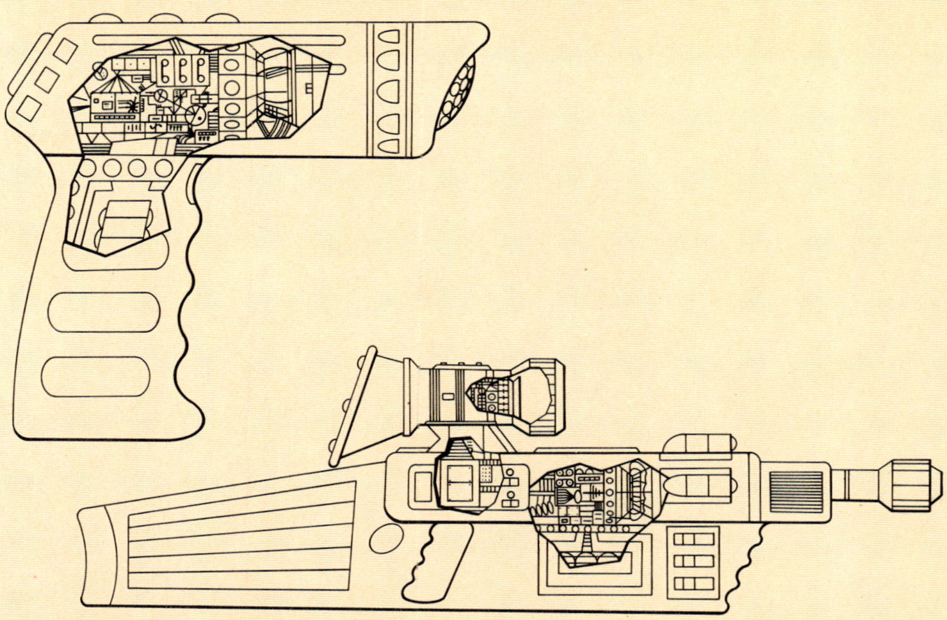

Armes individuelles auriennes. *Saisies sur les cadavres de « fusiliers » après une brève escarmouche en haute atmosphère, aux abords de Trifarine III (une vaste planète). Le fusil-mitrailleur est un intensificateur de rayons gamma (le magasin renferme 20 cylindres énergétiques permettant une durée totale de tir de 20 ans). Le fusil — encombrant pour un humain — a pour mission d'arrêter les lourds véhicules blindés au moyen de balles explosives au korium : le magasin en contenant au total plus de 200. Le mécanisme de visée comporte une détente à déclenchement oculaire.*

Chasseur fabérien. *Ce minuscule vaisseau, construit lors des premières escarmouches avec la Principauté fabérienne se matérialisait au-dessus d'une colonie terrienne, transperçait les couches atmosphériques, bombardait les installations au sol avant de lâcher une seule mésobombe, plus connue sous le nom de* broyeuse, *en raison de sa considérable puissance de destruction. Des mondes entiers risquant d'être détruits, les mésobombes furent interdites par traité.*

Droite : Vaisseau aurien d'assaut. *Le spectacle insolite d'une attaque menée par une escadrille de minuscules chasseurs auriens à propulsion ionique, opérant en haute atmosphère. Le vaisseau doté d'un cerveau électronique, possède un haut pouvoir de décision de sorte que la manipulation seule des armes incombe au pilote aurien. Ses caractéristiques sont mal connues mais, selon toute hypothèse, la vélocité de ce vaisseau à faible rayon d'action ne dépassait pas 1/2 C.*

est devenu un cliché. Toutefois, certains romans se singularisent par l'évocation de l'exploration du théâtre des combats et cela grâce à toutes les ressources de l'imagination de leurs auteurs.

Pour une guerre véritablement titanesque la Terre ne suffit pas et l'homme s'élance vers les étoiles où ses superdreadnoughts seront construits sur une échelle infiniment plus vaste. Les guerres spatiales, les guerres interstellaires, les guerres interplanétaires ; la Bataille d'Angleterre transposée parmi les étoiles où les vaisseaux explosent silencieusement tandis que les hurlements des hommes se perdent dans le silence du vide. Tout est si propre, si stérile, si civilisé et si technologiquement supérieur, si excitant : les flottes de combat alignées de chaque côté du minuscule monde qu'on s'arrache, les lances-antimatière, les écrans défensifs scintillants, les rayons désintégrateurs balayant les coques renflées de quelque immense vaisseau cosmique, les torpilles dépistant les vaisseaux ennemis et ne provoquant qu'une brève explosion de lumière et d'énergie, une minuscule nova humaine sur un fond étoilé. On y rencontre des créatures extra-terrestres et, souvent, mieux vaut tirer d'abord et s'expliquer ensuite : après tout, nombre de ces êtres sont hideux, ressemblent à des insectes, telles les fourmis maîtres de Vénus que décrit Ralph Milne Farley dans **The Radio Beasts,** et contre lesquelles l'homme livre une guerre éclair sans merci ; ou les êtres insectiformes, des **Starship Troopers** (Étoile, garde à vous) de Heinlein. Le langage des armes constitue un message autrement plus éloquent que toute tentative maladroite de communication intelligente ; en outre, l'étranger non humain est bien entendu **moins qu'humain.** Nous rencontrons aussi des créatures étrangères mais également des colonies renégates, des mondes ayant atteint le niveau technique de la Mère Patrie et qui décident maintenant de prendre leur destinée en main comme dans le récit d'Edmund Hamilton **Battle for the Stars :**

« Dans l'immensité de l'espace les deux flottes s'élançaient à l'assaut l'une de

Gauche : Le naufrage du « Katherine Jeury ». *Le cargo spatial de la Fédération de classe Sting-O, le* Katherine Jeury, *fut la première victime de la guerre menée contre les Fanrats, nom que reçurent les mondes colonisés du Sagittaire, qui se révoltèrent contre l'Empire dès le début de la Première Expansion. Il transportait des cuves d'alcool destinées à la base militaire de Proxyon lorsqu'il fut détruit ; la cargaison qui s'était répandue à l'intérieur du vaisseau, sous l'effet des rayons, fut responsable d'une très violente explosion.*

Gauche (bas) : Le dragueur de mines tatou hécubéen. *Le tatou était un robot radio-guidé dont la vitesse de pointe s'élevait à 280 km/h. Il pouvait très rapidement être dirigé vers le terrain d'atterrissage d'une flotte ou d'un astronef à seule fin de le débarrasser d'éventuelles mines antimatière. Il fut démantelé lorsque les Hécubéens mirent en service un système de repérage orbital de mines identique à la Sonde Kane de la Fédération.*

Droite : Le massacre opéré par la scie articulée. *Bien que plus de 2 000 conflits internes eussent éclaté au cours du Second Empire, seule une poignée de systèmes connaissaient un certain développement logistique. Cette étrange « Scie Articulée » de plus de 1 800 mètres de haut a, selon toute vraisemblance, été utilisée à l'occasion du conflit qui opposa deux mondes de type terrien appartenant tous deux au système Nouveau Draco, à propos de la possession des gisements d'irénium de l'astéroïde Arkus.*

l'autre à des vitesses incroyables — elles n'étaient pas officiellement en guerre mais **de fait** elles s'affrontaient. Et l'enjeu... une petite planète aux confins de la galaxie, appelée Terre ! »

Si les épopées spatiales, les plus purs récits d'aventures, les conflagrations cosmiques vous captivent, lisez E.E. « Doc » Smith ou A.E. Van Vogt. Leurs puissants vaisseaux de guerre attaquent et broient tout sur leur passage depuis les remorqueurs jusqu'aux planétoïdes et les illustrations de Chris Foss et de quelques autres ont su rendre l'âpreté de ces combats. Les couvertures des magazines populaires, sur lesquelles les grands vaisseaux bombardent les mondes sans méfiance ou les astronefs ennemis, sont également saturées d'énergie. Dans **Triplanetary** (Triplanétaire) de Smith, peut-être son épopée la plus célèbre, l'enjeu du combat est le contrôle de l'univers entier. Les Arisiens, des humanoïdes bienveillants qui se sont déclarés gardiens de la civilisation, combattent les Édoréens, des êtres difformes et malveillants, assoiffés de pouvoir. Ils s'affrontent physiquement et mentalement, au moyen d'armes incroyablement destructives. Leur champ de bataille, bien entendu, est une minuscule planète située aux confins d'une galaxie éloignée : la Terre. La disparition de l'Atlantide, la chute de Rome, les conflits secouant les mondes et l'espace, tous ces événements peuvent paraître des accidents historiques purement liés à l'homme mais ne sont en réalité que la manifestation d'une lutte sauvage pour la possession de l'Univers. Et lorsque la Terre se retrouve engagée dans le conflit aux côtés des Fulgurs, et que les deux alliés lancent leurs gigantesques vaisseaux de guerre à l'assaut de l'ennemi commun, toutes les forces de l'enfer se déchaînent. Et cependant, lors de rencontres titanesques de ce type, les ultra-écrans semblent résister à tous les assauts et le tissu de l'espace se déchire et se désagrège sous les poussées d'une si formidable énergie sans que cè-

Droite (bas) : La base militaire de Proxyon. *Une « puce » intersystème (faisant fonction d'estafette et assurant un transport officiel) approche de la station d'identification de l'astéroïde — au nom pittoresque — de Nigaud IV. La base de Proxyon fut édifiée au début du Premier Empire, et cela bien qu'on cessât d'utiliser les sept lunes de la planète au cours de l'Interrègne.*

dent les écrans néviens. L'Arme Ultime seule est capable de dénouer cette situation inextricable :

« Les hyper-faisceaux ! De prodigieuses flèches de feu vert bleuâtre qui - furieusement - déchiraient l'écran névien. Des crocs malfaisants, lancés avec une telle puissance et une telle vitesse qu'ils mordaient les parois du vaisseau ennemi avant que les amphibiens ne se fussent aperçus que leur doublure défensive avait été perforée ».

L'aventure galactique, à l'époque des magazines populaires, aboutissait à une forme de guerre spectaculaire dans ses grandes lignes, pittoresque dans sa conception technique, décrite dans une forme et dans un dessein dénués de toute valeur, n'exploitant que le sensationnel et le merveilleux : c'était une guerre « naïve » qui nous semble maintenant bien fade. Le thème de la guerre interstellaire n'a pas disparu des récits de science-fiction, mais actuellement il assume un rôle autrement

Croiseur de combat Nimien. *Certains hologrammes, comme cette poignante représentation exécutée par un artiste inconnu du commencement du Troisième Interrègne, subsistent et témoignent de la triste vanité de l'invasion nimienne de la Fédération. Le crâne nimien et les armes programmées, lesquelles entrent en action à intervalles réguliers dans la vase environnant l'épave, symbolisent la brève gloire de cette prétendue race utile étrangère.*

Les Défenseurs. *Un robot humanoïde typique utilisé dans les installations militaires (essentiellement au sol) dès l'aube de l'Expansion, mais probablement pas avant le vingt-troisieme siècle. Ce type, plutôt démodé, fut remplacé par le type méso-position de la classe symhominoïde plus lourd, plus rapide et doté d'un programme plus complexe.*

symbolique ; ces textes, en même temps qu'ils constituent un constat, se préoccupent des valeurs morales, humaines... et extra-terrestres ; peut-être, comme dans **Starship Troopers** (Étoile, garde à vous) de Heinlein, expriment-ils plus qu'il ne le faudrait, les préjugés de leur auteur, en même temps qu'une philosophie du Pouvoir - A - Toujours - Raison, dépassant les intentions de l'écrivain. Mais le maître incontesté du genre demeure Joe Haldeman qui remporta un juste succès avec **The Forever War** (La Guerre éternelle), un roman où les faiblesses littéraires sont compensées par une amère et brutale dénonciation de la vanité des guerres et le juste emploi des lois actuelles de la physique de sorte que la guerre, thème central du roman, se transforme en une parfaite métaphore.

De quelles armes disposent tous ces combattants ? Dans **Starship Troopers** (Étoile, Garde à vous), leurs combinaisons spatiales sophistiquées et programmées sont équipées de petits engins de combat et de survie, et constituent à elles seules des armes autonomes pesant lourdement sur le déroulement des affrontements :

« La combinaison protège votre corps au maximum. Si vous perdez une partie d'un de vos membres, l'une des seize lames de quartz tranchantes se replie autour de votre membre amputé avec la puissance d'une presse hydraulique, le découpe avec dextérité puis referme hermétiquement la combinaison avant que la décompression ne vous soit fatale. Puis le « système de réparation » cautérise le moignon, remplace le sang perdu et vous injecte du sérum de bonheur et du Décommotionnant ».

A aucun moment de ce conflit, l'on ne connaît avec certitude l'état de l'armement de l'ennemi, l'on ignore s'il est ou non technologiquement en retard sur son adversaire, s'il est en mesure de contrecarrer l'action des missiles Tachyon ou de détourner le laser Bevawatt. Les vaisseaux extra-terrestres subissent les assauts de minuscules chasseurs capables de voler à des vitesses phénoménales et tirent parti de tout état physique de l'Univers, tels que les Trous Noirs ou les collapses :

« Au lieu de pénétrer dans le collapseur il avait volé **autour** du champ de collapse sur une orbite de lancement. Il s'était élancé à une vitesse des neuf dixièmes de celle de la lumière ; les vedettes avaient mis le cap sur le croiseur ennemi. Notre planète était à un millier de secondes-lumière du collapse, de sorte que le vais-

Ci-contre : L'ultime combat. *Au cours des interminables périodes de paix et des cessez-le-feu concomitants, un certain nombre des militaires stationnés dans les bases situées dans les zones les plus éloignées trompaient leur ennui en transformant les armes de la Fédération en machines meurtrières et efficaces que les hommes utilisaient lors de combats singuliers. Ces éléments A.G., qui appartenaient au blindé F M B, furent équipés de fusées et de mini-faisceaux. Chacun des combattants tirait jusqu'à ce que l'un des deux adversaires fût détruit.*

Un « Dogstar » M.R.T.V. *Ces véhicules de reconnaissance spatiaux à grand rayon d'action dont la vitesse de pointe atteignait environ CX 40, accomplissaient des missions éclairs sur la zone des combats consistant à photographier, enregistrer et bombarder avant de regagner leur base. Ils doivent leur nom Dogstar (Chien des Étoiles) à leur premier constructeur, Canis Weapons Inc. : une firme industrielle d'armement établie sur Allen dans la constellation du Chien.*

seau taurien ne disposait que de dix secondes pour détecter et arrêter les deux vedettes. A cette vitesse peu importait que vous fussiez frappé par une bombe antimatière ou par une boulette de papier mâché ! »

La première vedette touche le croiseur tandis que la deuxième plane en direction de la planète, manque le but de quelque deux cents kilomètres et s'élance dans l'espace, ralentit furieusement : elle sera de retour dans deux mois !

Toutes ces guerres mémorables pâlissent auprès de l'irrévérencieuse et dynamique satire de Harry Harrison, **Bill, the Galactic Hero,** qui reprend tous les thèmes commerciaux et chauvins des pulps pour porter l'humour à son paroxysme ; citons, pour mémoire, le recrutement de Bill sous l'influence d'une boisson additionnée d'une dose de drogue inhibitrice si concentrée que cette dernière se cristallise au fond du verre, ou la bataille finale livrée aux Veniens reptiliens.

Bien entendu ce sont les armes qui décident de la guerre plutôt que le nombre des hommes ou des **choses.** Une culture différente est synonyme d'une technologie différente et suggère, par conséquent, un déséquilibre dans l'armement : les armes à feu sont efficaces face à des massues mais ne peuvent rien si les massues sont maniées par des hommes pourvus d'armures pare-balles. La science-fiction a toujours été fascinée par les armes ; celles-ci impliquant la nature dangereuse de l'environnement, planétaire ou cosmique. Tout humain authentique à sang rouge doit porter une arme à sa ceinture ou pour le moins ses outils de forage doivent pouvoir, le cas échéant, faire office de faisceau thermique. Jason Dinalt, dans le récit de Harry Harrisson **Deathworld** (Le monde de la mort), se trouve, sur la planète Pyrrhus, confronté à un milieu organique si hostile qu'il doit pouvoir braquer son arme en un clin d'œil

Droite : Croiseur de combat arisien. *La Guerre Finale, qui avait commencé par une insignifiante querelle industrielle, prit de gigantesques proportions lorsque de nouvelles superpuissances (parmi lesquelles l'Empire) se servirent du différend à seule fin d'éprouver leur force. Le gigantesque croiseur-mère qui pouvait transporter plus de 100 000 chasseurs dans ses flancs, avait été offert aux Sarosiens par l'Empire fabérien, à cette époque en pleine « guerre froide » avec l'Empire humain.*

— aussi son arme est-elle logée dans sa manche de sorte que la contraction musculaire la plus faible, signe nerveux du danger, fait descendre l'arme, prête à tirer, dans la main.

L'esprit humain constitue une autre catégorie d'arme. Après tout, si la télékinésie ou la téléportation n'ont pas de secret pour les personnages de romans ou nouvelles, qu'importe tel ou tel projectile ! **Witch War** (La Guerre des Sorcières) de Richard Matheson en constitue un excellent exemple. Sept fillettes sont assises dans une pièce et, par le seul jeu de la pensée, s'efforcent de détruire les armées d'invasion. Leurs jeunes et immenses pouvoirs psychiques imparables leur permettent de broyer l'ennemi au moyen de rochers tombant du ciel ou de transformer le sol en marécage ou de déchiqueter les corps comme si quelque bête féroce les avait déchirés. Le tank, une unité blindée mobile, constitue une arme beaucoup plus conventionnelle. Wells passe pour avoir, le premier, imaginé cette possibilité dans la nouvelle, **The Land Ironclads** (Les Cuirassés de terre), et sa description d'une hallucinante guerre de blindés est aussi vivante que le récit de quelque témoin oculaire de la véritable bataille de blindés qui se déroula quelque dix ans plus tard au cours de la Première Guerre Mondiale. En dépit de son occupant humain, le tank est un robot : une machine de destruction qui semble dotée

Croiseur de classe Soudot. *Également surnommés les Inviclables, ces croiseurs étaient les plus beaux des vaisseaux jamais construits par les Fabériens. Ils comportaient divers dispositifs et aménagements du plus haut intérêt, entre autres des doubles capteurs viso-sensoriels et une poupe arrondie accroissant l'efficacité des armes énergétiques lors d'une attaque par l'arrière.*

BORIS

Gauche : Chasseur de combat à réaction de classe Myriad. *Les chasseurs terriens de défense rapprochée, extrêmement maniables, fonctionnaient aussi bien dans l'atmosphère (les emplacements des canons étant alors repliés) que dans l'espace. Disposant d'une puissance de feu limitée à deux jours et dotés d'une équipe de quatre hommes seulement, ces chasseurs se révélèrent extrêmement précieux lors des querelles planétaires.*

de sens, de par la façon dont elle traque l'ennemi, une forteresse mobile, une créature revêtue de métal pourvue d'une faculté limitée de penser mais tout à fait capable de détruire de la façon la plus affreuse.

Le blindé « pensant » ou la machine de guerre sensible apparaît fréquemment chez Fred Saberhagen dont les vaisseaux spatiaux-robots sont doués d'une folie destructrice programmée. La nouvelle de Keith Laumer, **The Last Command,** évoque un gigantesque tank intelligent exhumé des ruines, conséquences de la guerre, et qui aussitôt reprend sa mission de mort : il n'obéit qu'à un seul homme, celui qui jadis était son conducteur humain, mais cet homme est si âgé et si faible que la machine ne reconnaît plus sa voix. Voyo, de **The Giant Killers,** de Andrew Stephenson, est un char de combat lancé à la recherche de trois soldats au cœur d'une jungle fourmillant d'embûches, d'armes aussi désagréables que des plantes carnivores d'apparence inoffensive mais prêtes à vous dévorer vivant ou de jets pulvérisés d'une substance capable de dissoudre votre chair en quelques secondes, sans oublier quelques autres délicates attentions telles que des lianes étrangleuses, des scarabées à ressort, des gouttes d'acides et toute une théorie de minuscules robots — des scarabées — chacun doté d'un redoutable armement complet ! Le Voyo, dont la seule fonction consiste à tuer, résiste à leur feu roulant et les détruit un par un. En revanche, la machine de guerre débute souvent sa carrière sous l'apparence d'une machine de paix, comme c'est le cas pour **The Duelling Machine** de Ben Bova ; la machine offre à chaque individu la possibilité de pénétrer dans un monde issu de son imagination, de détruire son adversaire ou de succomber sous ses coups pour enfin émerger indemne de ses fantasmes : la machine apaisant les tensions humaines.

Droite : Un Dreadnought nimien, victime d'un repli du temps. *Le bref conflit qui opposa les terriens aux humanoïdes nimiens se traduisit par de nombreux accrochages opérés lors de déplacements temporels, et cela en dépit des conventions inter-Empires. Photographié depuis un « glisseur temporel », ce cuirassé victime d'une distorsion temporelle, fut abattu avant l'apparition de la navigation à vapeur sur Terre et l'océan l'engloutit après un bond dans le temps de quelque 4 000 ans. L'épave fut récupérée par la Société de Sauvetage et de Récupération Temporel qui tira un bénéfice de plus d'un trillion de Nouveaux dollars de l'opération.*

Parfois une intervention étrangère transforme la machine en un monstre. Dans **Killdozer** (Killdozer) de Sturgeon, un énorme et complexe bulldozer programmé brise un rocher qui retenait une entité prisonnière ; cette dernière se réfugie dans les circuits du bulldozer qui devient fou furieux.

Lorsque la guerre éclate, toutefois, la seule machine capable d'allier la froideur mécanique à la raison humaine demeure le robot. Les robots arpentent depuis longtemps les champs de bataille de l'avenir dans les récits de science-fiction — robots géants ou minuscules, robots affairés, tous possèdent des qualités plus grandes que le plus parfait soldat humain : ils ne posent pas de questions, ils obéissent sans marquer la moindre hésitation, ils ignorent la peur ou la douleur et, de ce fait, pénètrent plus avant dans les rangs de l'ennemi avant d'être à leur tour terrassés. Il arrive parfois qu'un bloc perturbe leur cerveau positronique comme c'est le cas dans le récit de Walter Miller, **I made You** (La Sentinelle), où le robot-militaire se retourne contre son maître humain, le bloque dans une grotte et guette l'instant où le frêle humain, l'esprit égaré par la faim, commettra l'erreur qui permettra à la machine de l'abattre avec son laser. Dans **Second Variety** (Seconde Variété) de Philip K. Dick, un soldat devient la cible de minuscules et malignes armes-robots alors qu'il tente de fuir le champ de bataille.

Des usines atomiques, programmées pour approvisionner les armées, ont pris possession du pouvoir et produisent des robots de diverses catégories à un rythme accru. Lorsque ces derniers, primitivement de grossières contrefaçons de l'homme, se voient pourvus d'une individualité, la guerre qu'on pourrait leur livrer est perdue d'avance. Philip K. Dick, creusant sans relâche le thème de l'identité et de l'automation, apparaît comme l'un des plus importants auteurs de science-fiction autour des années 1950-1960. Ses histoires de robots, affirmant que l'identité de la machine était le complément nécessaire, presque inévitable, de la complexité croissante de la cybernétique, reflétait l'insécurité grandissante de l'époque. Lorsque l'homme se reflète dans la machine et que la machine pense comme l'homme, la distinction entre les deux s'estompe. Son récit **Imposter** (L'imposteur) analyse brillamment ce problème. Spence Olham a regagné sa cité sous cloche pour découvrir qu'on le suspecte d'être un robot ennemi ayant revêtu l'apparence d'Olham et ayant pour mission de s'infiltrer dans la cité terrienne. Les services de renseignements ont appris que le robot-Olham renferme une minuscule bombe capable de faire voler la planète en éclats, qui s'amorcera s'il prononce certains mots-code. Olham tente désespérément de prouver qu'il n'est pas le robot et finalement découvre l'épave de son propre vaisseau à l'intérieur de laquelle gît le robot qui de fait avait bien été envoyé pour s'infiltrer dans la ville. Seulement, la dépouille n'est pas celle d'un robot mais celle d'un humain. Olham les contemple d'un œil médusé et s'exclame « Mais s'il s'agit d'Olham, alors je suis... » et l'explosion qui s'ensuivit fut visible jusqu'à Alpha du Centaure ! Le Colonel 607 de Garry Kilworth, dans **The Soul of Colonel 607,** est un officier-robot placé à la tête d'une unité de robots lors d'une bataille terrestre ; à cette occasion, il prend conscience de lui-même et des implications morales de la guerre. Lorsque les soldats-robots contestent les ordres, il ne reste qu'une seule chose à faire : les réparer !

Les robots, conçus à l'image de l'homme, décrits dans les textes de science-fiction, sont des créations littéraires ressemblant aux poupées et aux modèles réduits avec lesquels les enfants jouent : une forme souple et non réelle sur laquelle l'écrivain projette ses idées. Comme les marionnettes, les hommes de métal s'agitent entre les pages, selon le caprice de l'auteur qui a peu à peu appris à manipuler les ficelles de ces marionnettes. Le robot constitue un miroir dans lequel l'auteur réfléchit une certaine part de l'éternelle quête philosophique de l'origine du comportement de l'homme, et, plus important encore, à mesure que la question de la conscience se pose, des fondements de la pensée et de « l'identité » de l'homme.

Génialement, dès 1941, Isaac Asimov s'est emparé du concept du robot pour transformer cet élément romanesque encore malhabile, monstrueux, imprévisible, irraisonné et insuffisamment pensé en un instrument fonctionnel — intuition de ce qu'une machine pourrait un jour devenir — et en un symbole de ce que l'homme fut peut-être à l'aube de son histoire biologique. Asimov promulgua trois lois capitales

Robot militaire Quarix. *Une race insaisissable, les Quarix reptiliformes, mirent au point ces robots bizarres à partir de modèles plus primitifs auxquels ils ajoutèrent des roues permettant aux machines de traverser sans la moindre encombre les champs de ruines. Les robots avaient pour mission, non pas de s'attaquer à la vie intelligente, mais de détruire les autres robots, plus particulièrement les formes les plus petites, habiles à se dissimuler et par conséquent opérant inévitablement sur les champs de bataille après le Second Interrègne.*

de la robotique : un robot ne peut porter atteinte à un être humain, ni lui désobéir à moins que les ordres ne contredisent la première loi et enfin protéger son existence dans la mesure où cela ne contredit pas les lois précédentes. Le robot se transforma ainsi en un outil programmé et programmable, une chose à laquelle on peut ordonner d'accomplir toute tâche entrant dans ses capacités, mais dotée d'un programme « moral » qui le tiendra toujours à l'écart des champs de bataille, l'empêchera de nuire à son maître et évitera qu'il ne soit utilisé comme une arme. Toutefois, les lois sont ambiguës, tout autant que la nature humaine. Dire à un robot « d'aller se perdre » (**Little Lost Robot** - Petit robot perdu) constitue un ordre qui, pris au pied de la lettre, se solde par des conséquences frôlant le désastre. Un robot empêche un homme de traverser une route dangereuse (dans **With Folded Hands** - Les bras croisés - de Jack Williamson) et, encore plus subtilement, il ment à un homme (dans **Liar** — Menteur — d'Asimov) lorsqu'il réalise que la vérité en une certaine circonstance peinera un homme et par conséquent lui portera préjudice.

La brillante nouvelle **The Bicentennial Man** (L'Homme bicentenaire), qui obtint le prix Hugo en 1977, constitue l'apogée des histoires de robots d'Asimov. Asimov pose enfin la question qu'il avait jusqu'alors esquivée : qu'est-ce qu'un homme ? Le robot du récit est vieux et l'objet de continuelles réparations ; plusieurs le rendant effectivement immortel et consistant en des substitutions d'organes. Bientôt, le voici composé de plus d'éléments organiques que nombre d'humains fortunés maintenus en vie par des transplantations de matière inorganique et des prothèses. Qui est plus humain ? Le robot est extrêmement conscient. Finalement, il

La guerre dans le désert, sur Arrakis. *Ce paysage de dunes fut le site de plusieurs engagements inter-Empires, généralement menés à une certaine distance des zones à population dense et hors de portée des Vers des sables et des Fremen. On voit ici des blindés spécialisés appartenant à deux Entreprises terriennes planétaires (selon toute hypothèse la U.S. Starpushers Inc. et la All African Stimulants C°) s'affrontant afin de décider de l'issue d'une querelle industrielle.*

se demande s'il importe que l'esprit soit le fruit des entrailles ou celui de la chaîne de montage. L'existence même de l'esprit seule importe et si un moule humain renferme cet esprit pourquoi ne pas le qualifier d'humain ?

Un Dreadhulk. *Les Dreadhulks étaient six machines extra-terrestres — probablement fabriquées par la Principauté de Véga, maintenant disparue — découvertes en état de marche dans des installations de cristal situées sur la planète radioactive de Barmstoke. Rééquipés de chenilles ultra-puissantes Wingrove, leur armement remplacé par des violateurs à désintégration Carlsen de 20 centimètres et de sondes à faisceaux Morgan-Dungate, ils furent utilisés à l'occasion d'une action menée contre les mondes-cités de Kryptos et la planète Hickenlooper. Chaque machine possédait une intelligence rudimentaire mais était capable d'initiative. Elles servaient de transporteurs de petits engins blindés mobiles et de troupes — capacité 5 000 hommes plus le matériel. On ne put jamais pénétrer tous les compartiments et les divers niveaux des dreadhulks qui s'autodétruisirent trente ans après leur découverte.*

Extra-terrestres et créatures fantastiques

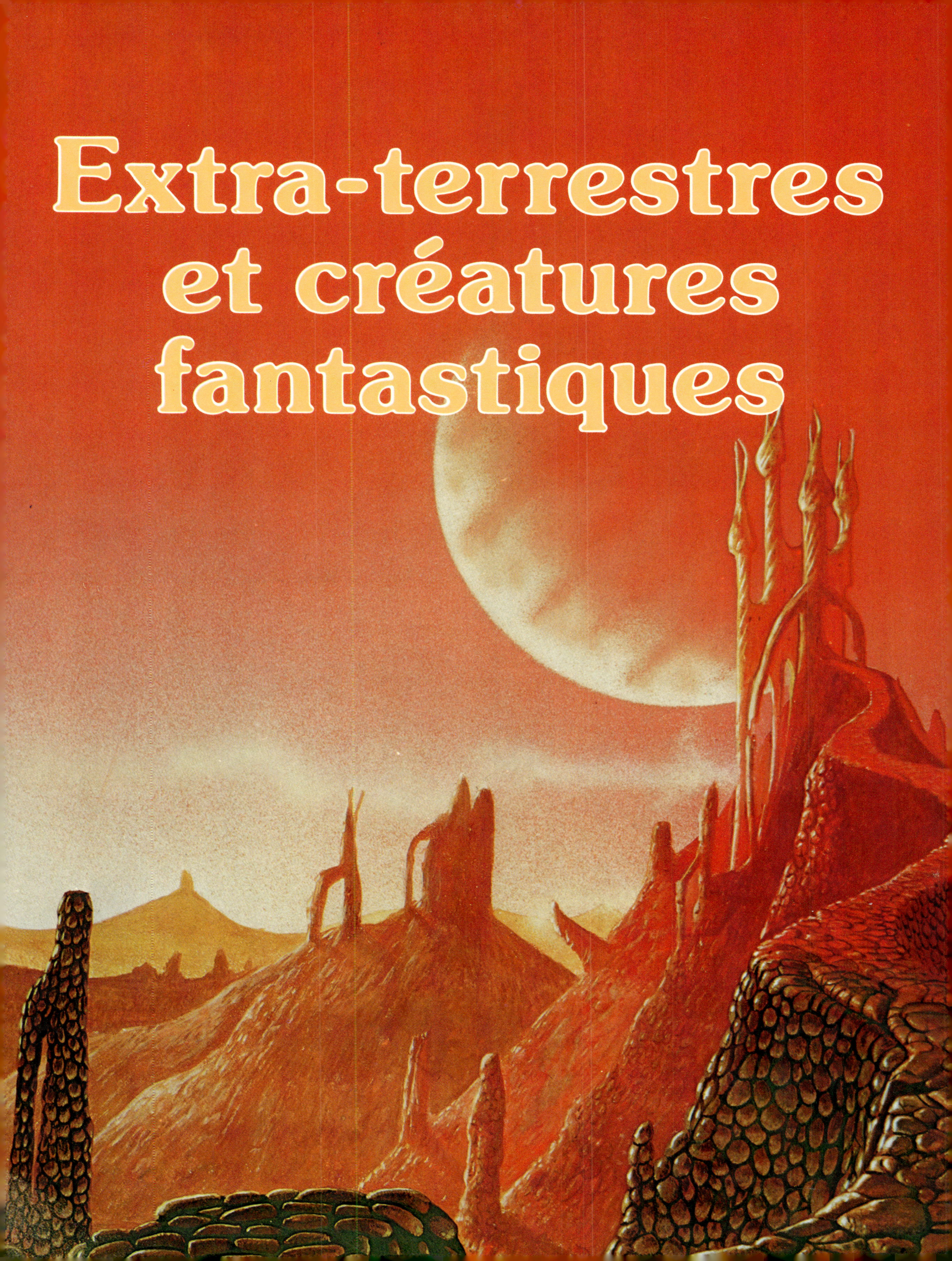

La galaxie est vaste et étrange, et peuplée de créatures parfois affreuses mais l'homme doit savoir dominer sa répulsion et affronter, le sourire aux lèvres, les multiples formes vivantes des étoiles. Quelque part dans l'univers, cet être gélatineux au corps sinueux a laissé une mère ; et cette limace géante qui vous barbouille de bave fétide ne fait que vous présenter ses respects. Rengainez votre fulgurant, car ce crabe a un Q I d'un million.

Qu'elle soit dénigrée, maltraitée, objet de sympathie ou de dérision, la créature extra-terrestre est depuis toujours un « défi » pour l'écrivain ou l'illustrateur de science-fiction. Malheureusement, il est trop facile de tenter de décrire la vie sur un autre monde, et de s'en tirer par une représentation ridicule. Une partie du public est secouée par le rire lorsque les petits extra-terrestres paraissent à la fin de **Close Encounters of the Third Kind** (Rencontres du Troisième Type) tandis que les pseudo-extra-terrestres de **Star Wars** (La Guerre des Étoiles) sont presque pris au sérieux. Dans le merveilleux récit de Fred Brown, **Arena** (Arène) où un humain affronte une petite créature étrangère baveuse pour sauver sa vie et celle de sa planète, la remarquable simplicité du texte suscite l'épouvante ; mais lorsque l'œuvre fut adaptée pour **Star Trek** et que l'extra-terrestre devint un alligator bipède affecté d'une sérieuse indigestion, le public se montra plus réservé.

Le même problème se pose quant aux illustrations. Les premiers pulps imposaient invariablement à l'entité extra-terrestre un rôle exagérément hostile ; un étonnant dynamisme animait les couvertures de ces magazines, toute tension musculaire des personnages humains, tout coup de pinceau tendaient à créer la « sensation ». On peut se demander quelles étaient les réactions du public de cette époque. Tous ces crochets, tentacules, yeux démesurés, corps écailleux et intentions malignes remplissaient-ils les lecteurs d'effroi ? Aujourd'hui, une partie de ce fatras nous paraît désespérément naïf, fade et invraisemblable. Les extra-terrestres les plus saisissants créés par la science-fiction — à quelques exceptions près — restent ceux ne se prêtant pas à l'illustration. Les minuscules créatures étrangères de Robert Silverberg, dans **Passengers** (Passagers), qui prennent possession des corps humains pour les utiliser de façon grotesque, sont doués d'une horrible présence. Les extra-terrestres de Heinlein, dans **The Puppet Masters** (Marionnettes humaines), sont des limaces qui s'infiltrent dans la moelle épinière des humains qu'ils assujettisent. Les êtres de Terry Carr dans **The Dance Of The Changer and The Three** sont en quelque sorte des parcelles d'énergie dont les consciences fusionnent en un seul point de l'espace, leur forme variant d'une minuscule spirale à un flocon de neige. Presque impossibles à imaginer, extrêmement difficiles à représenter, ils constituent les symboles parfaits du gouffre insondable qui sépare les formes vivantes.

L'océan de **Solaris** de Stanislas Lem, une autre forme de vie énigmatique, est un organisme unique (un cerveau ?), gigantesque et télépathique qui capture les esprits et les âmes des humains naviguant autour de la planète qu'il recouvre, pour ensuite apparaître aux yeux de ses victimes comme l'image de leur monde. La créature — système nerveux de la planète elle-même, évoquée par Ursula K. Le Guin dans **Vaster Than Empires and More Slow** (Plus vaste qu'un empire), constitue un être des plus troublants et des plus malaisés à représenter graphiquement et se classe cependant parmi les entités les plus insolites jamais imaginées.

Médusoïde jovien. *Forme de vie indigène de Jupiter, une créature de type médusoïde de plus de 230 mètres de diamètre. L'être flotte dans les couches moyennes de l'atmosphère jovienne et tire son énergie des orages magnétiques de la stratosphère. Elle dévore les molécules organiques sécrétées par des formes vivantes non intelligentes plus petites. Dès le début de l'histoire spatiale, des astronautes, à l'abri de petites capsules soutenues par de lourds ballons-sondes, comme ceux représentés ici, ont établi les premiers contacts.*

Toutefois les couvertures « accrocheuses » avec leurs monstres par trop réalistes continuent de fasciner l'amateur, le collectionneur et le chercheur. Qui doute encore que les incorrigiblement méchantes créatures de Wesso (Hans Wessolowski) avec leurs énormes têtes et leurs yeux de poissons protubérants ne constituent la version primitive des petits hommes verts devenus le symbole d'une attitude anti-intellectuelle vis-à-vis de la science-fiction ? Ces malicieux petits êtres qui pilotent leurs engins spatiaux, qui prennent un plaisir évident à détruire, qui mettent en bouteille et dépècent des jeunes filles humaines légèrement vêtues ou qui font irruption dans les maisons qu'ils balaient de rayons mortels, sont omniprésents. Rares sont les couvertures représentant un extra-terrestre coopératif ; notons à ce sujet que, chaque fois qu'une telle fraternisation se produisait, l'extraterrestre était généralement de sexe masculin et se distinguait du stéréotype humain fruste par la couleur neutre de sa peau — mauve par exemple. Vert, il était inévitablement violent et dangereux ; une peau noire ou rouge était **absolument** inconcevable, tout au moins chez les extra-terrestres humanoïdes qui pouvaient être supérieurs aux vrais humains.

Le gigantisme devint également un symbole d'horreur. Le géant à la peau écailleuse, s'acharnant à démanteler un pont ou tout autre édifice (ou plutôt ne serait-il pas occupé à le réparer ?) correspond aux canons de l'extra-terrestre-humanoïde mais sa taille démesurée et son affinité manifeste avec le monde des poissons, démontrent

Tropemen. *Espèce bizarre d'humanoïdes, les Tropemen sont presque uniquement cantonnés dans leur monde d'origine, Trope. Leurs yeux de cristal ne sont pas uniquement sensibles à la lumière, toutefois on ignore l'étendue de leurs capacités sensorielles. D'autre part, ils jouissent d'un pouvoir télépathique extrêmement développé. La Fédération recrute de jeunes Tropemen qu'elle emploie dans les stations de contrôle des portes des étoiles.*

clairement qu'il ne peut être du côté des humains !

Depuis ces dernières années, la créature fantastique a pratiquement disparu des couvertures des magazines de science-fiction. Désormais, les artistes vouent un culte à l'objet : généralement un vaisseau cosmique, souvent une ville gigantesque minutieusement représentée, aux images d'un avenir extraordinaire. Toutefois deux artistes en particulier, Kelly Freas et John Schoenherr, restent fidèles aux extra-terrestres et continuent de représenter de remarquable façon les « personnages » étrangers de récits parfois dénués d'intérêt. Schoenherr s'est surpassé dans la représentation de la planète Arrakis, dans **Dune** (Dune) de Frank Herbert ; les gigantesques vers des sables semi-sensibles, si importants pour l'écologie de la planète, sont magistralement campés.

Gauche : L'Empereur fabérien Je'Kirioth. *L'Empereur est exposé sur un lit de parade, dans son monde fantomatique spectre B, après son assassinat par un groupe de militaires dissidents. Ceux-ci furent à leur tour abattus par des troupes anti-républicaines et des habitants de la capitale Kurix. Membre de l'énigmatique caste des Épines, Je'Kirioth fut considéré comme l'un des plus illustres empereurs fabériens. Dès sa mort, à mesure que sa politique anti-colonialiste à l'égard des mondes limitrophes s'effaçait, les premières tensions entre les Empires terrien et fabérien se firent jour.*

Ci-contre : Guerrier Zoni de Jaimbaliz. *A la fois revendiqué par les Fédérations terrienne et thanguienne en raison de ses ressources pétrolières (et de sa situation dans le système de la Lyre), Jaimbaliz dut son salut à ses forces militaires indigènes. Bien que technologiquement peu développées et seulement équipées de lance-grenades primitifs, elles parvinrent cependant à vaincre deux unités terrestres. L'Empire terrien versa d'importants dédommagements et signa un traité d'entente commerciale.*

Le Monde de Delaney. *Situé dans le système de Bêta Dhalgren, le monde de Delaney héberge une vie semi-intelligente sous la forme de gigantesques reptiles, appelés* torons. *Les colons humains ont établi des relations symbiotiques avec ces créatures, assez semblables à celles établies sur la planète voisine Pern.*

Ce même artiste a illustré avec un bonheur égal les merveilleux récits de Ann Mc Caffrey dont l'action se déroule sur la planète Pern, notamment **Dragonflight** (Le vol du dragon). Pern est un monde, qui vit encore à l'âge des ténèbres « moyenâgeuses » : un monde de forteresses généralement édifiées sur des sites élevés et qui tirent leur subsistance d'une zone rurale confinant à de vastes espaces vierges parcourus par des bandes hostiles, à l'esprit conquérant, originaires d'autres forteresses. Tout cela est dessiné d'une façon suggestive, merveilleusement décrit, particulièrement l'étrange symbiose existant entre les habitants humains de Pern et les gigantesques et doux dragons indigènes. Rien ne vient les menacer, excepté lorsque Pern s'approche de sa planète jumelle : alors, une invasion des plus étranges se produit sous forme de « filaments » argentés intelligents surgissant de l'espace et traversant l'atmosphère du Monde du Dragon.

Les extra-terrestres pacifiques et intelligents composent au moins deux des espèces les plus notables de la science-fiction. Ce sont les Nildoror du roman de Robert Silverberg, **Downward to the Earth** (Les profondeurs de la terre) et les Lithiens de **A Case of Conscience** (Un Cas de conscience) de James Blish : ils n'ont guère frappé l'imagination des illustrateurs qui les ont représentés le plus souvent sous l'aspect de dinosaures. Cependant les Lithiens proposent une démonstration fascinante de la façon dont un écrivain peut développer des thèmes fondamentaux pour l'homme — en l'occurrence, la nature profonde de la croyance religieuse — et en même temps créer un monde étranger vraisemblable et captivant. Les Lithiens, bien qu'intelligents, bienveillants, conscients de leur place dans l'univers et totalement adonnés à un mode de vie fondé sur l'importance de leur responsabilité sociale, ignorent la divinité ou le péché originel. Le problème moral qu'ils posent aux visiteurs humains soumis à une éthique religieuse ancestrale constitue l'un des plus grands thèmes de la science-fiction de sorte qu'un **Cas de conscience** reste l'un des plus importants romans des vingt dernières années.

Les Nildoror de Robert Silverberg sont quelque peu apparentés — quelque peu seulement — aux éléphants terriens. Leur planète est recouverte de forêts, de jungles et de hautes montagnes au sein desquelles ils transhument périodiquement. Paisibles et pacifiques, ils sont horriblement exploités par les colons humains qui les utilisent comme animaux de bât. Une seconde race d'indigènes, les Sulidoror, des bipèdes agressifs, sont radicalement différents. La découverte des relations entre les deux espèces, complexes et grotesques, constitue l'un des thèmes du roman.

De même que certains extra-terrestres demeurent inoubliables en raison du talent avec lequel un auteur les a dépeints ou un artiste les a campés, certains écrivains restent à jamais liés à un certain type de créature fantastique. On pourrait presque déterminer des catégories. La créature étrangère de Clifford D. Simak est petite, vulnérable, reste tapie dans un buisson quelque part dans la prairie américaine et transmet sa détresse par télépathie. Un extra-terrestre de A.E. Van Vogt demeure prisonnier d'un monde bizarre ou d'un gigantesque édifice étranger depuis des millions d'années et attend la venue d'un infortuné humain qui le délivrera. **L'étranger** de Christopher Anvil, d'Éric Frank Russell ou des premiers récits de Robert Silverberg est fondamentalement humanoïde, doté d'une technologie très avancée, intellectuellement quelque peu naïf, dépourvu de tout humour, et de ce fait, bien entendu, une victime toute désignée ; celui de Ray Bradbury est svelte, fragile, appartient à une race ancienne ignorant totalement le péché originel et reste particulièrement exposé aux agressions humaines ; alors que celui de E.E. « Doc » Smith est invariablement mort, celui d'Arthur Clarke est immensément vieux, incroyablement sage (énigmatique même) et débarque sur une Terre depuis longtemps dé-

Le rite de l'eau et de la mort chez les Grillka'shanaskilks. *Cette espèce reptilienne intelligente, originaire du monde aquatique de Magog IV, se signale par ses rites complexes de mort comportant l'absorption de liquide jusqu'à ce que les tissus ballonnent littéralement. Cette femelle (la ponte des œufs s'opposant à leur éclosion) en est à son troisième mois terrien rituel et arrive au terme de son existence.*

vastée à seule fin de voir les dessins animés de Walt Disney ! Les extra-terrestres de Tanith Lee sont toujours des humanoïdes femelles, utilisant un langage tour à tour châtié et ordurier, et se réjouissent lorsque les portes de leurs citadelles cèdent sous les coups de boutoir du héros.

Les humanoïdes, plus humains parfois que l'auteur ne le souhaiterait, sont légion dans la science-fiction. Plus d'un biologiste est resté perplexe devant une race originaire d'un monde lointain et cependant identique en tout point — exception faite de la couleur de sa peau — à l'**Homo sapiens.** Des créatures comprenant les moindres traits des limaces, des crabes et des pieuvres sont tout aussi irritantes, particulièrement lorsqu'elles sont décrites ou peintes dans un environnement inconciliable avec la vie. Mais si le monstre aux yeux d'insecte est maintenant démodé, il en va tout autrement de l'humanoïde. Dans **Those Who Watch** de Silverberg, trois extra-terrestres après s'être écrasés sur notre monde sont pris en charge de manière fort différente par trois habitants des régions les plus désertes du Nouveau-Mexique. Michael Bishop, dans **Funeral For The Eyes of Fire** (Le bassin des cœurs indigo), nous présente les Tropemen, des humanoïdes dotés d'étranges yeux de cristal et d'un formidable pouvoir télépathique ; le dessinateur Melvyn les a évoqués d'une façon saisissante. Les gens de Zenna Henderson, qui se terrent au plus profond d'une vallée de notre planète afin d'éviter tout contact avec la foule humaine, constituent des humanoïdes maintenant classiques. Les extra-terrestres à la silhouette changeante de **A Plague of Demons** de Keith Laumer, qui s'affublent d'une forme humaine pour s'emparer des esprits, sont moralement et intentionnellement différents.

Aquitania (Monde de Pickersgill). *Une planète appartenant au système géant de Alpha Abraxus. Avant que le militaire renégat, auquel ce monde doit son nom, eût découvert Aquitania, la planète fut colonisée par de pacifiques extra-terrestres, les Sku'thash. Très ouverts aux contacts, ils nouèrent avec la Terre d'excellentes relations commerciales avant que des envahisseurs originaires de la Nébuleuse du Roc Noir ne vinssent détruire la planète. Ici. on peut observer un policier Sku'thash affecté à la surveillance de la « circulation ».*

Les étrangers bizarres de **The Word for World is Forest** (Le nom du monde est forêt) d'Ursula K. Le Guin passent la plus grande partie de leur existence à rêver, et le monde de leurs rêves est aussi réel que la forêt qui recouvre la planète, déjà envahie par les humains insensibles. Cet auteur s'intéresse davantage au caractère étranger de l'esprit plutôt qu'à celui du corps et il serait insensé de la part du lecteur de refuser de s'identifier avec la forme étrangère lorsque l'auteur dévoile un tel souci. Les inoubliables Getheniens, de **The Left Hand of Darkness** (La main gauche de la nuit), des humanoïdes androgynes vivant sur un monde en permanence recouvert par la neige, forment de curieuses sociétés que l'auteur a magistralement décrites.

Kurt Vonnegut fait intervenir les extra-terrestres dans un tout autre dessein : la satire. A l'instar de nombreux auteurs, il se soucie moins de la charge symbolique de la créature étrangère. Les habitants de Titan, dans son irrésistiblement humoristique, **The Sirens of Titan** (Les Sirènes de Titan), humains ou tralfamadoriens, sont des « étrangers » ; Salo, seul authentique étranger, est une petite créature tripode dotée d'une tête ronde suspendue à la cardan et d'une peau évoquant par sa texture et sa couleur l'écorce d'une mandarine terrienne, en outre il est âgé de onze millions d'années ! Il vit sur Titan aux côtés du malheureux terrien Malachi Constant et côtoie parfois le bizarre Winston Rumfoord, la proie de l'infundibulum chrono-synclastique : ce qui signifie qu'il dérive dans l'univers au sein de spirales déformées et qu'il se matérialise dans tout organisme qu'il parvient à intercepter. L'intention de Vonnegut consiste à toujours dégager, à analyser et à satiriser un microcosme humain ; ses Tralfamadoriens enlèvent Billy Pilgrim et la voluptueuse starlette Montana Wildhack pour les enfermer dans un zoo : un salon moderne typique, protégé par un dôme des projections volcaniques fumantes de la planète. Les Tralfamadoriens sont d'authentiques pandits, capables de simultanément voir le passé et le futur de sorte que la mort, un événement parmi ceux ornant une riche tapisserie dont ils peuvent jouir **ad infinitum,** est dépourvue de toute signification.

Larry Niven doit sa réputation à ses récits traitant d'un espace cohérent d'une galaxie suffisamment inexplorée pour recéler quelque mystère, mais toutefois suffisam-

Droite : Magazine de science-fiction. *Cette édition ancienne de* Thrilling Wonder Stories *constitua la principale pièce à conviction des procès temporels intentés à l'encontre de Cox et d'Emmett. Accusés d'usage expérimental illégal des premières études consacrées au déplacement temporel, au Complexe de Recherche Temporel sur la vieille Terre, Jonit Cox et Alerandrax Emmett se virent contraints de plaider coupables lorsque ce magazine fut présenté à titre de preuve. Bien que de nombreux magazines anciens portassent d'indubitables signes de falsification temporelle dans leur représentation mystérieusement exacte d'espèces étrangères et de véhicules spatiaux d'un avenir éloigné, celui-ci fut considéré comme la pièce capitale : le Florien au corps squameux, bien que de proportions démesurées, est juste et précis jusque dans ses moindres détails.*

Caméléon. L'un des résultats des falsifications génétiques illégales et des croisements d'espèces différentes fut la production d'une population de créatures bizarres appelées soit Caméléons soit Lions ou encore Scorpions. Leur fonction consistait à garder les propriétés et les plantations situées sur vingt-sept mondes fertiles de type terrien du système de Crowley (– 17 à + 48 dans l'échelle de comparaison de Croot), mais leur intelligence et la compassion qu'ils inspiraient leur permit d'obtenir une planète bien à eux, la Lionne : planète dans l'orbite du soleil jaune Panox B.

ment explorée pour permettre à Niven d'animer ses récits de toutes sortes de créatures étranges depuis le très puissant protecteur bossu — et de surcroît pourvu d'un bec — qui ensemence les mondes pour ensuite les moissonner (La Terre étant un champ et les humains la récolte) jusqu'aux inoubliables Marionnettistes de Pierson, des êtres tripodes et bicéphales, poltrons à l'extrême mais de fait très doux et intelligents. Ses humains font montre d'une égale tendance à la bizarrerie, particulièrement Teela Brown, un des personnages de **Ringworld** (L'Anneau-Monde) qui est génétiquement prédisposé au bonheur. En collaboration avec Jerry Pournelle, Niven a imaginé **The Mote in God's Eye** où un vaisseau cosmique qui a mis des siècles pour atteindre notre espace connu se voit déserté par toute vie au moment où il entre en contact avec l'empire humain. La Chasse aux Moties est alors ouverte. A mesure que les recherches progressent, on devine leur mode de vie et leurs mœurs jusqu'à ce qu'enfin on découvre les rapports existant entre les différentes castes d'une société rappelant par ses structures une société de termites.

La Terre a subi maintes invasions. Les classiques du genre restent **The War of the Worlds** (La Guerre des Mondes) de Wells et **The Day of the Triffids** (La Révolte des Triffides) de John Wyndham. Wells dépeint le débarquement de Martiens bouffis aux membres longs et grêles, uniquement à l'aise à l'abri de leurs énormes machines de guerre tripodes. Les humains ne sont pour eux que du bétail, utiles par le sang qu'ils fournissent et pour avoir mis la Terre en valeur de sorte qu'il ne reste plus aux Martiens qu'à s'installer en conquérants. Les Triffides de Wyndham sont des plantes issues de graines venues de l'espace interstellaire. A la suite d'une catastrophe, toute la population de la Terre devient aveugle et les Triffides — des créatures ayant jusqu'alors pris soin de dissimuler leur intelligence — décident de passer à l'action. Ces végétaux tripodes et mobiles sont non seulement pourvus d'un aiguillon venimeux mais encore d'une effrayante capacité à se reproduire avec une fantastique célérité. Dans **The Kraken Wakes** (Le péril vient de la mer), un roman moins original, Wyndham fait envahir la Terre par des monstres à carapaces surgis des profondeurs de l'océan. Par contre **The Midwich Cuckoos** (Les Coucous de Midwich), où l'invasion génétique s'opère par l'intermédiaire des femmes terrestres, demeure un classique teinté d'une subtile ironie. Ici, ce sont les enfants humains eux-mêmes qui sont des **étrangers,** un concept et une image aussi terrifiants que l'invisible possesseur du corps de **Needle** (Le microbe détective) de Hal Clement par exemple où, l'étranger, que personne n'a jamais vu, est logé à l'intérieur du corps d'un jeune humain et communique en se branchant sur son nerf optique de sorte que son hôte voit littéralement agir le parasite.

Le thème des êtres humains « étrangers » a toujours fasciné les auteurs, citons pour mémoire deux remarquables récits consacrés à ce sujet. Dans la nouvelle de Ray Bradbury **Dark They Were and Golden Eyed** (Ils avaient la peau brune et les yeux dorés), des colons humains isolés sur la très ancienne Mars, sous l'influence subtile de l'environnement, se métamorphosent et s'en vont vivre dans les antiques cités édifiées par les Martiens maintenant disparus où ils mènent une vie idyllique ; des mots étranges franchissent leurs lèvres ; leurs yeux deviennent dorés tandis que leur peau brunit. Une expédition provenant de la Terre quelques générations plus tard découvre une race de Martiens mais ne trouve nulle trace des premiers colons humains. Dans **The Enchanted Village** (Le village enchanté) de A.E. Van Vogt, un astronaute terrien naufragé erre parmi les ruines d'une ville martienne qui le nourrit et le protège comme, des millions d'années auparavant, elle assurait la subsistance de ses habitants maintenant disparus. Par la suite, l'homme se métamorphose et s'adapte rapidement au village et au monde environnant de sorte qu'il se métamorphose en une réplique des formes vivantes qui jadis peuplaient la planète.

Dans **Thorns** (Un jeu cruel) et dans **The Man in the Maze** (L'Homme dans le labyrinthe), un homme a été modifié par une intervention étrangère de sorte qu'il est devenu, pour les membres de sa propre espèce, un objet de dégoût : ce fut pour Silverberg un tournant intéressant dans son approche romanesque de la nature du caractère étranger. Dans **Man Plus** (L'homme plus) de Frederik Pohl, un astronaute a subi une si importante transformation biologique, destinée à lui permettre de s'adapter aux conditions de vie sur Mars, qu'il ne peut plus se considérer comme pleinement humain — et cela avec de terribles conséquences psychologiques. Isaac Asimov a traité le problème de l'**étranger** sous l'optique du **robot,** celui-ci voyant son intelligence et sa conscience se développer en même temps que s'accroissent ses caractères organiques ; ainsi dans **The Bicentennial Man** (L'homme bicentenaire), le robot se demande, eu égard aux composants organiques dont il est pourvu, plus nombreux que ceux dont disposent nombre d'humains, s'il est encore un robot.

La vie dans le système solaire passionne au plus haut point l'écrivain de science-fiction ; bien que le thème eût préoccupé davantage les auteurs des générations antérieures, il a conservé toujours une certaine fraîcheur. Il n'existe pas sur la Lune de troupeaux veillés par des Sélénites ayant l'apparence d'insectes pendant le long jour lunaire, puis poussés dans des cavernes profondes emplies d'air tandis que l'atmosphère de la planète gèle la nuit venue ; toutefois, nous ne pouvons nous empêcher, à la lecture de **The First Men In The Moon** (Les Premiers Hommes dans la Lune) de Wells, de jeter des regards son-

Le Nécromant. *Ce monde, situé dans la zone des Soleils Noirs, aux confins de l'espace fabérien, résista à toutes les tentatives de colonisation menées au cours du Second Empire. Le monde appelé Nécromant, en raison de l'immense cimetière étranger qui y fut découvert et qui renfermait quelque 400 millions de cercueils de pierre était un « lieu d'attente », les cercueils ne constituant qu'un étrange et incompréhensible système d'animation suspendue. Le monde était dit hanté parce que les habitants aux aguets faisaient échouer toute tentative de colonisation comme le démontre cette photographie nocturne prise par un robot. Ces créatures intelligentes, haineuses, peu communicatives, sont appelées les Greegs.*

geurs et tristes sur ce monde familier, maintenant connu. Une invasion destructrice de virus, telle que celle brillamment décrite par Michael Crichton, dans **The Andromeda Strain** (La Variété Andromède), demeure possible. Les planètes extérieures, les gigantesques Jupiter et Saturne, la mystérieuse Neptune, l'insolite Uranus et la froide Pluton, tous ces mondes renferment peut-être les vestiges de civilisations disparues, victimes de l'atmosphère ammoniaquée. Plus probablement le système fondamental de survie qu'on y rencontrerait, limité dans son développement spirituel et intellectuel a quelque chose de si étranger à notre structure eau/carbone, qu'il ne pourrait même pas être perçu par les terriens.

La nouvelle de Arthur Clarke, **A Meeting With Medusa** (qui obtint le prix Nebula en 1973), souligne les distances considérables qui séparent les mondes et les différentes formes de vie. La créature médusoïde qui évolue au sein des nuages denses de carbure d'hydrogène de Jupiter, ses tentacules absorbant l'énergie et la nourriture, son intelligence se manifestant par sa curiosité à l'égard du vaisseau spatial soutenu par un ballon traversant la couche des nuages, est aussi réaliste parce que issue de notre perception des choses et à sa façon elle est aussi littérairement captivante que les forêts tropicales de la chaude et rouge Vénus ou que les bactéries martiennes qui se tapissent sous les sables du désert, attendant la venue de l'été martien qui ne commencera qu'à des lustres d'ici selon notre échelle de mesures.

Gauche (page 64) : Mesklinites. *Ces créatures intelligentes et bienveillantes, originaires de la planète discoïdale Mesklin, furent très largement utilisées par les forces expéditionnaires humaines du début de l'Empire afin d'explorer les mondes trop hostiles à l'homme.*

Ci-contre : Ver des sables ; *des espèces animales d'Arrakis — ou Dune, une planète réputée pour sa richesse naturelle, l'Épice. Ce ver, bien qu'énorme, peut être maîtrisé par l'homme en raison de son intelligence rudimentaire. Sa gueule se trouve à des centaines de mètres de là de sorte que de nombreux véhicules humains ont été engloutis par ces créatures que la seule vibration du moteur attire à la surface des sables-tambours. Le pas même d'un homme suffit à les alerter.*

Gauche : La Guerre des Mondes. *Le récit de H.G. Wells qui décrit l'invasion de la Terre par des Martiens logés dans des machines de guerre tripodes, continue d'exercer une même fascination sur les lecteurs. Aujourd'hui, selon les critères en usage depuis les Guerres de Zone, l'asservissement de la race humaine par des Martiens haineux et implacables n'a rien perdu de son caractère terrifiant.*

Visions d'Ailleurs

Certains auteurs et critiques ne craignent pas d'affirmer que la science-fiction est puérile dans son approche des rapports existant entre les sexes et des fantasmes qui y sont liés, mais ceci ne représente qu'une partie de la vaste et diverse littérature fantastique ou de science-fiction. Et le cadre des sociétés futures et insolites est maintenant largement retenu pour la conception de la sexualité humaine.

Parallèlement à l'épanouissement de la soi-disant libre pensée et du soi-disant amour libre, la science-fiction s'aperçut bientôt que la sexualité constituait un excellent sujet futurisco-technologique. Edward Bellamy, dans un roman datant de la fin du dix-neuvième siècle **Looking Backward, 2000-1887** (Cent ans après), pouvait encore choquer ses lecteurs par des visions utopiques de l'amour et d'une société libérée de toute censure. Quelque soixante années plus tard, ce même problème de l'union libre surgit encore timidement d'entre les pages de récits de science-fiction. De nos jours tout est beaucoup plus simple et franc. Il y a seulement vingt ans, de nombreux amateurs de science-fiction auraient mal accepté l'idée de récits touchant à l'avenir de la sexualité, et ceci, presque jusqu'en 1970. Que la sexualité ne se résumât qu'à des rapports d'espèces, régis par un certain nombre de lois morales, sociales et biologiques, était difficile à accepter. Un livre qualifié par la critique de « science-fiction tendre », traitant des relations humaines — relations sexuelles y comprises — était plus que mal vu dans certains milieux. Cela se produisit notamment en Grande-Bretagne dans les années 1960, lorsque la Nouvelle Vague de la **speculative fiction** essaya désespérément de démontrer que toute fiction appliquée au futur, au même titre que toute autre œuvre romanesque, traitait de la vie humaine dans son ensemble.

Les choses évoluèrent en 1952, lorsque fut publiée la nouvelle de Philip José Farmer, **The Lovers** (1). Un mythe s'est développé autour de ce récit pourtant fort simple. De temps à autre, on le salue encore comme « une percée », le premier petit pas pour un homme, le premier bond de géant pour ce sous-genre. La sexualité faisait son entrée dans la science-fiction et apportait au genre une autre dimension. Farmer raconte comment un homme s'éprend d'une extra-terrestre insectoïde et comment elle meurt pour permettre à son rejeton de se développer. Tout cela, baignant dans une grande poésie amoureuse.

1) Inédite en français, elle est connue sous sa forme définitive : le roman, **The Lovers** (1961), traduit en français, sous le titre des **Amants étrangers** (1968).

Ci-dessus : Tanash. *Le grotesque Seigneur des Tharks qui dominent Nibonez. Les colons humains retournés à un état primitif portent l'épée et ne peuvent rivaliser avec « leurs » suzerains quant à la magie.*

La confusion entre amour charnel et sentiment n'a cessé de hanter la science-fiction mais, actuellement, on observe enfin un certain équilibre. Si l'on note parfois une certaine complaisance dans la description inutile et grotesque de machines, il n'en demeure pas moins vrai que les rapports de la sexualité avec l'évolution technologique et hybrido-culturelle de l'homme restent au centre des préoccupations des auteurs. Brian Aldiss, par exemple, s'est penché sur le problème que pose la sexualité dans une société où le contact physique est pratiquement annulé. Dans **Three Songs For Enigmatic Lovers** (Trois Chants pour d'énigmatiques amants), il insiste sur le fait suivant : si vous pouvez voir qui vous voulez quand vous le voulez, chez vous, sous la forme d'une présence apparemment réelle (projection holographique), on peut se demander si deux images holographiques parviendront jamais à se rejoindre ? La réponse est négative. Mais Robert Silverberg, dans **In the Group** (Groupe), évoque la façon dont la technologie pourrait nous permettre de partager les émotions d'autrui et même la façon dont des groupes d'individus pourraient aimer une même personne au même moment et tout partager par l'intermédiaire d'une liaison nerveuse les rattachant à cette personne. Bien entendu, cela ne va pas sans poser certains problèmes, et Silverberg, comme seul Silverberg peut le faire, analyse le cas d'un homme qui refuse tout partage.

Ce type de récit, pittoresque mais cependant rationnel dans cette forme de littérature, se classe dans une catégorie différente des fantasmes de Philip José Farmer : **The Image of the Beast** (Comme une bête), **Blown** (Gare à la bête) et **A Feast Unknown** (La jungle nue). Dans **Blown** (Gare à la bête), un personnage nommé Childe (y aurait-il quelque ironie symbolique ?) rencontre une femme nommée Vivienne qui porte dans ses entrailles une créature serpentiforme. Childe succombe au charme de Vivienne et découvre peu à peu que Vivienne est une extra-terrestre originaire de la galaxie d'Andromède.

Tandis que cela ne dépasse pas un certain niveau de gratuité, d'autres écrivains, d'une plume incisive, explorent tous les futurs ouverts aux comportements instinctifs les plus fondamentaux de l'homme.

Les hommes sont absents de nombre des visions de l'avenir. Comment les sociétés sont-elles viables ? Outre les réserves de semence, on fait appel à la parthénogénèse. John Wyndham a éliminé les hommes dans **Consider Her Ways,** par utilisation d'un puissant raticide, tandis que son personnage féminin entrevoit un avenir terrifiant où elle n'est plus qu'une « machine » reproductrice. Joanna Russ expédie un vaisseau spatial rempli de femmes vers la planète Whileaway, prétexte pour décrire une culture purement féminine et pour étudier les fondements de la séparation des fonctions dans notre propre société. Dans **When It Changed,** elle insiste sur le fait que la plupart de certains comportements sont acquis plutôt qu'innés. Le rôle que chacun joue est dicté par la société et la culture et, cependant, paradoxalement une société patriarcale est plus solide et plus stable — les preuves ne manquent pas sur notre globe — que les sociétés matriarcales. Les mâles humains arrivant sur Whileaway, face à cette population de femmes aux fonctions déterminées —

Droite : La Cité de Szchazch. *Le centre d'activité nécromantique du Monde du Magicien où bon nombre de principes scientifiques n'ont aucune valeur. Le vaisseau est un « novice », une petite embarcation d'observation à la coque d'or mue par lévitation.*

depuis les mécaniciennes jusqu'aux manœuvres chargés des besognes de nettoyage — posent l'inéluctable question : « Laquelle d'entre vous joue le rôle de la « reine des abeilles ? » ; une interrogation magnifiquement ironique par son ambiguïté.

Dans l'étonnant récit de James Tiptree, **« Houston, Houston, Do You Read ? »,** une minuscule capsule spatiale, à l'équipage uniquement masculin, se voit propulsée dans le futur à la suite d'une déformation de l'espace-temps. Les naufragés rencontrent alors une capsule pilotée par un équipage exclusivement féminin. Les hommes, semble-t-il, ont totalement disparu. Les naufragés temporels sont alors considérés comme des divinités. Toutefois, en tout premier lieu, il faut réapprendre les gestes de l'amour ; c'est ainsi que les différences entre les hommes se font jour et que se réveille toute une gamme de tempéraments depuis le coq agressif, étourdi par les millions de femmes dont il peut disposer à lui seul, jusqu'au sage, maître de lui-même, qui comprend le danger que leur groupe représente car, bien entendu, culturellement et socialement dangereux pour les femmes, ils ne peuvent prétendre survivre.

L'humanité réduite à des individus de même sexe est l'une des visions de l'avenir, source de complications sociales ; toutefois l'inverse se vérifie également. Dans son curieux bien que brillant roman **Son of Man** (Le fils de l'homme), Robert Silverberg décrit des mondes réels et imaginaires, glissant insensiblement de l'un à l'autre ; de sorte que le lecteur se voit entraîné dans un courant d'aventures et d'images, se réfléchissant et s'illuminant réciproquement,

Ci-contre : Les Hordes de Thark. *Poursuivi par des « harpies » ailées, soldats - robots malveillants du Seigneur Thark, un Humain revêtu d'une sorte d'armure ancienne, revient du tournoi rituel où les droits humains sont mis en jeu.*

Sur l'un des plateaux à étages, édifiés par des dieux fantasques, une « rencontre » dont les protagonistes ne sont pas sans rappeler les gladiateurs de l'ancienne Rome.

tandis que le voyage se transforme en une passionnante et stimulante exploration destinée à mettre à nu la créature subtile et complexe qu'est l'homme. Clay, le seul type humain dans lequel nous nous reconnaissons, s'éveille dans un futur éloigné à une époque où l'espèce humaine s'est diversifiée en des formes si nombreuses que l'humanité s'est transformée en un écosystème. Les caractères sensuels, agressifs, émotionnels et rationnels du psychisme humain sont maintenant chacun représentés par leur propre forme humaine : des créatures d'une seule pièce, des personnages de « cinéma » même si certains de ces êtres s'identifient à diverses formes aussi aisément qu'elles courtisent Clay, à cette époque où, comme elles le soulignent en riant, la notion de sexe désormais tombée en désuétude, ne constitue plus qu'un divertissement historique... Notre héros subit les tentatives de séduction de six naïades, dans un lac idyllique. Enfin, il parvient à s'arracher à ces enchantements et regagne le rivage, et découvre alors que les six baigneuses peuvent, tel le devin Tirésias, changer de sexe à volonté.

En totale opposition avec ce qui précède, à la fois quant au contenu et à l'inspiration, sinon quant à l'approche, John T. Sladek a publié de nombreux récits satiriques traitant de la machine, maîtresse absolue de l'univers. Il a tôt compris que les machines intelligentes seront également la proie de pulsions amoureuses. Dans **Machine Screw,** il raconte comment un gigantesque robot expérimental s'évade et bat la campagne cherchant à assouvir ses désirs. Il y parvient momentanément lorsqu'il met à mal une Cadillac (sous les yeux horrifiés des deux occupants) et ne cherche même pas à éviter les tanks destinés à le détruire.

L'humour léger de Sladek, qui rompt avec les prétentions de nombreux auteurs contemporains qui clament trop bruyamment le « danger » qu'eux-mêmes et leurs créations recèlent, contraste violemment avec le roman subtil, presque subliminal de

Droite : Le tombeau de Nig Bvean. *Découverte de la sépulture de cet ancien aventurier manchot qui explora les petites planètes de la zone obscure de la galaxie. L'Agence Fédérale de la Santé envoya plusieurs expéditions à la recherche de cet énigmatique héros infirme qui, après avoir découvert le secret de la vie éternelle, avait visité un millier de mondes. Il était trop tard. La potion secrète s'étant épuisée, Nig était mort.*

Ci-dessous : Stonehenge. *Sur la planète nommée le Monde de Harrison, on découvrit une culture humanoïde ayant atteint un niveau comparable à celui de l'Âge de bronze terrien. Les immenses structures de pierre incitent à supposer que la planète eut quelques contacts avec la Terre primitive.*

Fred Pohl, **Gateway** (La grande porte). En apparence, l'auteur raconte comment un homme utilise un spatioport étranger, pourvu de vaisseaux interstellaires dont les destinations bien que pré-établies ne sont jamais connues mais, de fait l'auteur traduit l'impuissance universelle de l'homme en même temps que celle du « héros ». Le roman dresse la liste des expériences amoureuses et spatiales du héros, lorsqu'il rend compte des séances d'analyses menées par un ordinateur-psychanalyste longtemps après. En somme, cette partie du problème tourne autour du plus grand symbole destructeur matriciel de l'univers, un Trou Noir.

Si son attitude à l'égard du sexe et le rôle qu'elle fait jouer aux femmes ont permis à la science-fiction de se dégager de son « enfance », il en va tout autrement pour l'art fantastique. La couverture d'un livre ou d'un magazine contribue largement à la vente, de sorte que les illustrations se doivent de traduire des concepts différents de ceux que suscite un récit. Il leur faut instantanément exciter la curiosité, captiver ou flatter l'éternel adolescent que chacun héberge, quel que soit l'âge du lecteur. Il leur faut frapper ce dernier à son point le plus vulnérable, en lui faisant miroiter les espaces infinis de l'univers ou de l'amour. A la grande époque des pulps, les femmes apparaissaient rarement dans les récits, sauf dans les rôles d'esclaves, de vierges désemparées menacées par les extra-terrestres ou les mégalomanes qui gouvernaient la galaxie. Les couvertures les représentaient menacées, mais également fort peu vêtues. Il suffit de feuilleter quelques-unes de ces publications pour s'apercevoir à quel point l'homme, en tant que mâle, se sent supérieur à la femme : sa fermeté de caractère et ses épaules larges s'opposant à la faiblesse et aux formes emprisonnées par le métal. Revêtir une femme de métal constitue non seulement une vision futuriste, mais encore une manière de la livrer à la domination. Les couvertures représentent aussi des femmes sinon totalement nues du moins en haillons, comme si elles avaient été des victimes de toute éternité... romanesque. Le Docteur Who peut conserver son manteau et son écharpe mais Leela doit continuellement tomber à la renverse, de sorte que son pagne étriqué en s'entrouvrant découvre une partie de son dos. Fort étrangement toutefois dans **l'heroic fantasy,** tout le monde paraît vaquer à ses affaires dans le plus simple appareil. Toutes sortes de héros musclés franchissent les montagnes et les forêts, parcourent des mondes dominés par la magie, où les fem-

1) Forme romanesque qui combine merveilleux épique, fantastique et science-fiction.

mes se soumettent sans résister aucunement ; ils sont tous dotés des mêmes traits : ce sont des super-mâles, largement pourvus de chromosomes Y, portant les symboles de la force physique à la main (et quelques-uns à la ceinture ou à la tête) et utilisant des expressions brèves, bourrues et lourdes de sens, soit de l'idiot soit de l'homme qui réserve son énergie pour des affaires plus importantes, comme les tueries à grande échelle.

Il est fort probable que ces mâles brutaux se comportent ainsi plutôt pour être en accord avec d'autres barbares mâles — et avec les lecteurs masculins — que pour les créatures superbes dont ils paraissent dédaigner les appâts. Pourquoi Conan le Cimmérien devient-il un mercenaire ? Certainement pas pour avoir été surpris dans les bras de Brak la Barbare ! Qui sait ? Les femmes restent muettes. Elles parlent très rarement et la complaisante représentation qui en est faite est d'une affligeante banalité : des formes arrogantes, des ports orgueilleux, des cascades de cheveux roux, d'ardents yeux verts, des lèvres boudeuses, des robes arachnéennes !

Mais les mondes des **aventures fantastiques** sont des mondes virils, où le vent a l'odeur du sang, où des bêtes sauvages rôdent dans des paysages de cauchemar et où de vigoureux héros surgissent des brumes de l'aube chevauchant des étalons noirs et brandissant de gigantesques épées aussi aisément qu'un enfant agite une sucette. Il y a toujours tant à faire : de l'argent à gagner en massacrant des gens çà et là, des magiciens à vaincre, des mauvais rois à détrôner, des princesses capricieuses à défendre, des montagnes noires et des tours à libérer de quelque terrible enchantement. Le machisme et l'archaïsme guerrier règnent en maîtres sur des paysages de convention et des formes généreuses et provocantes, de même que des mâchoires puissantes et fermes, ne suffisent pas à caractériser des personnages souvent stéréotypés à l'excès.

Certains héros ou héroïnes d'**heroic fantasy** cependant bénéficient de quelque relief, le plus souvent grâce au talent particulier de leur auteur ou parce que ce dernier s'est emparé d'une idée originale dont il a revêtu sa prose ou son personnage. Conan le Cimmérien est un type puissamment original : un mercenaire errant à l'aventure dans les pays limitrophes de sa patrie (celle de l'âge hyborien, venant après la mythique Atlantide) vendant son épée et son adresse aux différents rois guerriers qui pullulent alentour. Conan — créé par Robert E. Howard — est directe-

La Princesse Vivianne. *Fille de l'Empereur Rothgar V, elle devint une pirate de l'espace dès l'âge de 21 ans. Elle sévissait sur les axes commerciaux de la Zone de la Forêt des Étoiles où elle attaquait hardiment tous les vaisseaux. L'Aldébarien que l'on voit à ses côtés est son spatiopilote.*

ment issu du guerrier noble de l'Afrique de Rider Haggard : un homme violent et robuste, néanmoins fidèle à son propre code d'honneur. Elric, le héros de la « saga » de Michael Moorcock, constitue une splendide antithèse. Elric est à la fois identique aux super-héros musclés et en même temps un nain albinos qui, grâce à ses pouvoirs mentaux, projette furieusement l'image du **superman.** L'épée d'Elric, la fameuse Stormbringer, est dotée d'un « esprit » lui permettant de détecter et de dérober les âmes, tandis qu'elle aspire l'esprit guerrier d'un homme comme elle boit son sang. A l'issue de la « saga » de Elric le Nécromancien (Elric des Dragons), **Stormbringer,** l'esprit, s'échappe : l'entité qu'était Stormbringer, la dernière manifestation du Chaos qui ne quitte pas ce nouveau monde, se penche sur le cadavre d'Elric de Melnibone et sourit : « Adieu, ami. J'étais mille fois plus méchante que toi ! »

Le combat éternel que se livrent l'Ordre et le Chaos est un thème courant dans ces romans épico-fantastiques, même dans l'**higher fantasy** de C.S. Lewis, J.R.R. Tolkien et Susan Cooper. L'Ordre et le Chaos sont les deux grandes forces actives de l'univers (scientifiquement, on les nommerai entropies positive et négative) et toutes les nations, tous les empires et tous les actes destinés à annexer les pays voisins peuvent être considérés comme des manifestations du Chaos. Bien entendu, la plupart des super-héros deviennent les agents de l'une ou l'autre force. Peu d'entre eux toutefois sont aussi intimement liés au Chaos que **Raven, Swordsmistress of Chaos** de Richard Kirk, l'une des plus récentes héroïnes du genre qui se singularise en ce qu'elle est à la fois femme — dominatrice, violente et romanesque — et qu'elle suscite l'intérêt d'un très vaste public. La plupart des personnages féminins de **l'heroic fantasy** ne sont que des femmes-objets mais lorsqu'elles font preuve d'une certaine individualité — **Atlan** de Jane Gaskell par exemple ou la plupart des protagonistes féminines de **Tanith Lee** — elles se transforment en d'extravagantes et ultra-modernes féministes, des femmes par leur corps mais des « personnes » par leur esprit et leur attitude. Raven est ainsi une femme à part entière. Elle a été choisie pour remplir la fonction de Glaive du Chaos. Elle fut arrachée du quartier des esclaves de Lyand par les mystérieux Prêtres Magiciens pour être initiée à tous les arts martiaux de sorte qu'aucun homme ne puisse la vaincre lors d'engagements physiques de toute sorte. Peu à peu Raven, en consultant les oracles, prend conscience de sa mission et converse avec les forces anciennes logées sous l'écorce terrestre : « Le monde tourne, Raven, et

Dans un village rural d'un autre monde, deux êtres d'une grande et inquiétante beauté se rencontrent pour la première fois.

cela bien que son mouvement puisse cesser à tout moment. Il faut un frein, un pivot, un endroit, un être où les choses s'immobilisent prêtes à prendre forme. Toi, Raven, tu es ce centre. Tu es l'axe du monde. De toi dépend le Monde ».

Kane de Karl Edward Wagner constitue une version moderne du héros d'**heroic fantasy :** un héros que nombre d'amateurs considèrent comme le personnage moderne le plus intéressant. Kane est un immortel condamné par la divinité qui le créa à errer pour l'éternité sur la Terre ; ce châtiment lui fut infligé pour avoir tué son frère et ainsi avoir apporté la violence sur la Terre ; mais, ironiquement, le dieu appartient à l'univers surnaturel corrompu et cynique qui gouverne la Terre de sorte que Kane, refusant d'être utilisé comme un pion, se rebelle tandis que sa race est menée tel un troupeau de moutons. Toutes les Ères terrestres sont les témoins de ses aventures tandis que son épée est au service de tout puissant capable d'en payer le prix. Ses cheveux et sa barbe roux flamboyant, ses yeux bleu sombre, les yeux du tueur — le signe de Caïn — sont ses traits les plus saillants. Il représente l'authentique anti-héros qui change de camp selon son humeur et en fonction des avantages qu'il en retire ; il ne vieillit pas et conserve l'âge qui était le sien lorsqu'il fut maudit par le dieu. Il peut être tué mais jusqu'alors aucun humain n'y est parvenu, et cela malgré les efforts d'entités surnaturelles qui, parfois, y parviennent presque.

Le splendide personnage créé par Chris Carlsen, **The Berserker,** un guerrier nordique maudit par Odin pour avoir désobéi et de ce fait métamorphosé en un sauvage berserk d'une inhumaine violence, constitue une entité surnaturelle. Swiftaxe est son nom et son destin consiste à mourir et à renaître à diverses époques, sous différentes apparences physiques jusqu'à ce qu'il réussisse à survivre à une blessure mortelle — un paradoxe qu'il essaie désespérément de briser. De résurrection en résurrection, Swiftaxe le maudit affronte les hommes et les forces surnaturelles au cours d'époques diverses, depuis l'époque romaine jusqu'au règne du Roi Arthur et depuis l'Irlande celtique jusqu'à la Norvège des Vikings. Fort judicieusement, l'auteur n'a pas fait de Swiftaxe un superhéros musclé mais le présente comme un guerrier doué d'une violence imprévisible et incontrôlable. Carlsen en fait le symbole des brutales et soudaines transformations sociales propres à l'Âge du Fer. Des romans, plus particulièrement **The Bull Chief,** peuvent être lus comme des romans historiques centrés sur les croyances populaires : ils occupent une place à part dans **l'heroic fantasy** et, à l'instar de Kane, ont de nombreux adeptes.

La Serre. *Un monde où toutes les tentatives de l'homme faites pour exploiter cette planète échouèrent, eu égard aux gigantesques proportions des plantes et des arbres, de sorte que les colons humains revinrent à une existence quasi féerique, comme ce Chevalier des Arbres : un garde-forestier appartenant à l'une des tribus.*

Autres Univers

Ville extra-terrestre de Bash'kaz. *La cité fabérienne édifiée sur le monde enneigé de Draco 7, une vaste planète à forte pesanteur (5 G) et dotée d'une forme de vie indigène semi-intelligente. En accord avec la Fédération terrienne, la colonisation s'est limitée à cette seule installation.*

Avant d'entreprendre un voyage touristique dans la galaxie mieux vaut connaître à l'avance quels mondes méritent une visite. Parmi toutes les planètes où les humains sont implantés, il en est deux au moins où les dangers occultes que recèlent leurs paysages risqueraient d'être fatals aux voyageurs.

Lorsque l'astronef russe **Venera** pénétra dans les nuages sulfureux de Vénus et découvrit un morne paysage rocailleux, inhospitalier et ravagé par la chaleur, des milliers de cœurs défaillirent. Puis, en quelques instants, balayée la luxuriante jungle traîtresse qui finit par tuer les terriens égarés, héros de la nouvelle de Ray Bradbury, **Death by Rain** (La Pluie) ; évanouies les vastes îles d'algues verdoyantes qui dérivent sur l'océan houleux, dans **Voyage to Venus** (Retour à Vénus) de C.S. Lewis ; effondré le terrain rocailleux creusé de mines profondes et hébergeant les communautés souterraines, dans **Come to Venus Melancholy** de Fred Pohl ; détruit en un moment tout espoir de pouvoir jamais vivre sur Vénus !

Fort curieusement, Mars n'a pas suscité le même désenchantement. Les récits les plus récents ayant pour cadre Mars, comme par exemple **Nix Olympica** de William Wallings, nous donnent l'image d'une Mars prétendument réelle aussi fascinante que celles de visions romanesques antérieures. Mars, cette planète envahie par le sable, balayée par les vents, à la surface trouée de cratères et hérissée de gigantesques volcans et plateaux culminant à quelques milliers de mètres au-dessus des déserts, demeure toujours énigmatique et attirante, comme l'imaginèrent si poétiquement Gustave Le Rouge, Edgar Rice Burroughs, C.S. Lewis, Ray Bradbury ou Leigh Brackett.

Le paysage fantastique et cristallin des **Chroniques martiennes** (The Martian Chronicles) de Ray Bradbury reste sans aucun doute l'un des plus mémorables jamais créés par la science-fiction moderne. Qui pourrait oublier le miroitement du soleil sur les édifices délicats en ruine érigés par les anciens Martiens, des bâtiments dispersés aux quatre horizons, environnés par les installations humaines ; qui ne se souviendrait des profonds canaux, maintenant à sec, muraillés de briques désagrégées et de charpentes métalliques rongées, témoignant d'une grandeur disparue ?

La Mars de Bradbury n'a aucun rapport avec l'hostile planète de H.G. Wells dont les êtres affreux et intelligents convoitent les vastes plaines verdoyantes de la Terre et lancent des vaisseaux d'invasion au moyen de canons si gigantesques que les éclairs et les flammes qu'ils crachent sont visibles de la Terre. Quel monde sombre et menaçant Wells nous dépeint-il : un monde obscur, tout comme celui qui apparaît dans l'inoubliable œuvre de Nigel Kneale **Quatermass and the Pit** où les débris d'un vaisseau martien sont découverts dans le sous-sol de Londres ; les envahisseurs étrangers ont participé au développement des Anglais de la préhistoire et une partie des habitants des îles conservent le souvenir de ce monde surpeuplé de Martiens ayant l'apparence d'insectes, et des terribles nécessités qui avaient déterminé leur invasion. Des mondes obscurs et violents, mais cependant pas aussi sauvages que ceux que nous propose Edgar Rice Burrough avec sa planète Mars peuplée de bêtes sauvages et de races guerrières, rappelant à la fois celles de la Rome antique et les tribus d'Afrique et d'Amérique du Sud. Burroughs est le romantique par excellence — le Rider Haggard du système solaire. Il envoie son héros intrépide, John Carter, à la rencontre d'aventures les plus variées, de princesses et de princes de la Planète

La Vallée des Statues. *Cette haute vallée montagnarde, hérissée de sculptures extra-terrestres mutilées, constitue l'un des spectacles les plus étranges qu'offre la planète Ree'hdworld. La planète possède deux formes de vie indigènes : les Ree'hd intelligents et troglodytes et une espèce semi-intelligente apparentée, les Rundii. La planète se caractérise par l'incroyable vent — le vent de Terre — qui souffle en avant de la ligne terminale.*

Rouge et le plus souvent, malgré sa relative faiblesse, il réussit à survivre. Barsoom, comme ses habitants le savent, est un monde moribond couvert de forêts bordées par de vastes déserts rouges et peuplé de trois races de Martiens : les verts, les rouges et les blancs — les princesses martiennes blanches valent réellement le déplacement !

En d'autres lieux du système solaire, les planètes tournent. L'on attend encore que des explorations scientifiques puissent élucider les véritables énigmes qu'elles renferment ; pendant ce temps la science-fiction poursuit ses propres « explorations ». Des **visions des futurs** demeurent intactes, et les lunes de Jupiter et de Saturne restent le théâtre de magnifiques ou captivants récits, particulièrement ceux d'Arthur Clarke. **Triton,** une lune de Neptune, héberge une société hostile — décrite dans une des nouvelles les plus fortes et les plus énigmatiques de Samuel Delany — que protège un dôme de perspexe. Dans le paysage rocailleux, désolé et poussiéreux de la Lune qu'évoque Paul Ernst dans **Nothing Ever Happens on the Moon,** un œuf éclôt et libère une terreur invisible qui semble vouloir dévorer le dôme terrien lui-même. Dans l'inoubliable récit de James Blish, **Bridge,** des techniciens s'efforçant de construire un pont sur Ice IV, doivent affronter les impitoyables tempêtes de méthane de Jupiter.

La planète Mercure tourne sur son axe. La révélation de cette découverte a donné naissance à une centaine d'histoires ayant pour cadre cette petite planète ; la plus remarquable peut-être demeure l'histoire de robot d'Isaac Asimov **Reason** (Raison). Cependant, le monde couvert de cratères, tour à tour brûlant et glacé, est maintenant un défi, lancé autant à l'illustrateur qu'à l'écrivain, qui oblige leur imagination à découvrir le moyen d'exploiter cet environnement hostile à des fins romanesques.

Arthur Clarke (l'auteur du mondialement célèbre **2001, L'odyssée de l'espace),** a trouvé une source d'inspiration avec les satellites des grandes planètes. Avec Japet, par exemple, lorsqu'il envoie sur ce minuscule monde stérile l'astronaute Bowman, par l'intermédiaire d'une gigantesque structure extra-terrestre, un édifice qui est le point de départ d'une porte des étoiles qui permet à Bowman de voyager à travers l'univers. La description du paysage de Titan, l'un des satellites les plus importants de Saturne, dans **Imperial Earth** (Terre, planète impériale), est plus pittoresque : Clarke le présente comme une planète rouge, sa couleur — semblable à celle de Mars — étant due à un mélange organique dans la basse atmosphère, identique à celui responsable des fameuses taches rouges joviennes.

Bien que les écrivains et les illustrateurs de science-fiction aient appliqué leur faculté créatrice et leur imagination à la transformation des paysages en des jungles conceptualisées et en des mondes futurs étranges, pour nombre de lecteurs le cadre-type du récit de science-fiction reste le vaste désert sablonneux. Dune, connue aussi sous le nom d'Arrakis, est décrite par Frank Herbert, dans plusieurs romans ; le plus remarquable étant certainement le premier, intitulé **Dune.** Une mission d'étude en Oregon, pour le compte du Ministère américain de l'Agriculture et ayant pour objectif la fixation des dunes, fut à l'origine de la conception de ce monde ; à cela vint s'ajouter l'opinion de l'auteur selon laquelle les messies sont une invention d'hommes incapables de faire face à leurs responsabilités sociales. Dans quatre récits formant dans leur version définitive trois romans, **Dune** et **Prophet of Dune** (Dune), **Dune Messiah** (Le Messie de Dune) et **Children of Dune** (Les Enfants de Dune), Frank Herbert retrace l'histoire de ce monde étonnant, de la famille des Atréides et de leur lutte incessante pour contenir les forces violentes et mercenaires — la planète Arrakis étant elle-même la plus turbulente.

Droite : Mechanistra. *Cette sphère d'un diamètre de sept kilomètres, à la fois base militaire mobile, station de ravitaillement et de surveillance coloniale, est le monde artificiel le plus vaste jamais construit par l'homme. Mise en place à la fin du cinquième millénaire, Mechanistra fut largement utilisée lors des Guerres de Zone et était encore en service lors de la Guerre Finale qui fut livrée dans le système de Tucana M. Le monde s'ouvrait sur l'espace, mais en était séparé par une épaisse barrière d'air, ceci permettant aux visiteurs de se tenir à l'extrême bord du vide et facilitant l'atterrissage des petits astronefs. Ici, l'on peut observer une station polaire d'atterrissage.*

Gauche (page 82) : Outbound. *Se détachant sur l'arrière-plan aride d'un astéroïde, flotte l'une des sondes interstellaires terriennes les plus anciennes, l'Outbound Series, qui, bien que désuète, frappe encore par sa beauté. Il lui a fallu 500 ans pour traverser l'espace interstellaire, au terme desquels elle a réussi une décélération correcte puis s'est fixée dans le système de Centaure.*

Plusieurs artistes ont entrepris de traduire ce monde fabuleux de roches et de sable mais aucun n'y est parvenu avec autant de bonheur que John Schoenherr qui illustra les premiers feuilletons publiés dans la revue **Analog :** sa vision des vertigineux et étranges pics rocheux sculptés, des enchevêtrements de cavernes et de ravines, dont les reflets et les échos nous parviennent à travers l'illustration, ou des vastes solitudes désertiques et sonores où le plus léger bruit de pas risque d'attirer les vers des sables à la surface, semble difficilement égalable ; les illustrations de Schoenherr évoquent aussi merveilleusement Arrakis qu'Herbert nous la rend présente dans ses récits.

L'image d'un monde recouvert de sable semble à première vue rassurante, mais il en va tout autrement pour Arrakis qui n'est certes pas le seul paysage désertique décrit dans la science-fiction. Le plus remarquable reste probablement **On the Sand Planet** (Sur la planète des sables) de Cordwainer Smith : une des nouvelles de la série, **les Seigneurs de l'instrumentalité.**

Quel contraste avec **Deathworld** (Le monde de la mort) de Harry Harrison. La planète Pyrrus est à n'en point douter le monde le plus hostile qu'ait jamais dépeint la science-fiction, pas seulement d'un point de vue climatique, mais fondamentalement. Chaque plante ou animal de Pyrrus est meurtrier tandis que l'ensemble de la planète est une jungle, un endroit redoutable pour tout homme dépourvu de réflexes rapides ou d'yeux derrière la tête.

Mesklin, de Hal Clement, est encore différent : ce monde ne présente rien de particulièrement dangereux en ce qui concerne les formes vivantes ; mais, à l'instar d'Arrakis, l'environnement, tant physique que climatique est empreint d'une impressionnante violence. Mesklin est une planète saisissante, non pas ronde comme un ballon, mais curieusement discoïdale. Mesklin pivote horizontalement et, en conséquence, le bord du disque tourne beaucoup plus vite que le centre — de sorte que de puissantes forces centrifuges s'y exercent à côté de vents, tempêtes et autres manifestations physiques d'un champ gravitique démesuré. Seuls les indigènes de Mesklin, de ravissantes créatures centipèdes, peuvent se risquer sur les bords de ce monde afin d'aller rechercher une sonde terrienne qui s'y est écrasée : leur expédition constituant le sujet de **Mission of Gravity** (Question de poids). Dans **Starlight,** les Mesklinites sont chargés d'explorer Dhrawn, une planète où s'exerce une pesanteur quarante fois supérieure à celle régnant sur Terre et

Trantor, dont on ne possède aucune représentation graphique, devait probablement ressembler aux magnifiques peintures de Blair Wilkin.

Mais le destin de Trantor, centre d'un empire galactique si vaste qu'il était impossible d'en contrôler simultanément toutes les zones, était prévisible. Dans un cas semblable, il est inévitable que des régions entières de l'Empire soient négligées et se rebellent, de sorte que sur Trantor convergent leurs attaques répétées, car la planète est le cœur administratif de l'Empire pour lequel œuvrent tous ceux qui vivent sous l'écorce métallique. Les empires s'écroulent et, en même temps, les mondes peuplés et plus particulièrement les planètes opulentes. Trantor, bien que dépourvue de toute ressource, est indispensable au contrôle de l'Empire, mais bientôt attaquée, dévastée, elle se voit réduite à un désert. Les paysans reviennent, arrachent le revêtement métallique et l'utilisent pour la fabrication d'outils agricoles. Après avoir

Gauche : Yacht privé aux abords de l'une des lunes de Saturne. *Appartenant selon toute hypothèse à l'immense empire Laker, cette nef qui émerge de la luxueuse base lunaire, constitue le type même du yacht privé et des navettes solaires basées sur les astéroïdes de la « zone libre » pendant les vingt et unième et vingt-deuxième siècles.*

Ci-dessous : Ferryport, Trantor. *Trantor était le centre « administratif » du Grand Empire en même temps qu'un monde entièrement caparaçonné d'acier. La cité primitive, probablement extrêmement exiguë, a connu une expansion aussi rapide : nombre de nouvelles planètes tombant sous la coupe de la Fédération, elle s'étendit au-delà de l'horizon jusqu'à pratiquement recouvrir toute la surface de la planète.*

cela parce qu'elle est en fait une planète-étoile, compagne d'un soleil nain rouge. En terme de masse, elle se trouve à mi-chemin entre Jupiter et ce nain rouge lui-même, mais elle est dépourvue de tout élément léger pour le plus grand embarras des cosmographes terriens. Dhrawn produit une chaleur interne et, bien qu'essentiellement froide, certaines de ses régions jouissent d'une température de 1 200° Kelvin. Une couche d'oxygène l'entoure tandis que des océans d'eau ammoniacale provoquent la formation d'épais brouillards d'ammoniac qui ajoutent d'autres épidodes aventureux à la passionnante odyssée des Mesklinites. Les représentations graphiques de cette planète sont dues à Kelly Freas, auteur également des illustrations représentant Mesklin : il a réussi à « traduire » le caractère étrange de ces mondes lointains.

Tous les autres mondes ne se signalent pas par leur aspect différent. Dans la trilogie maintenant classique d'Isaac Asimov, **Foundation** (Fondation), Trantor est le siège du Gouvernement impérial. Bien que la recherche de la mystérieuse seconde Fondation disperse une foule de héros aux quatre coins de la galaxie, Trantor — au point de départ de la quête — planète à la surface bétonnée et métallique, demeure l'élément le plus vivace dans l'esprit du lecteur. La surface entière de Trantor, de 120 millions de kilomètres carrés, constitue une ville seule, peuplée de plus de 40 milliards d'habitants ; chaque jour des dizaines de milliers d'astronefs déchargent les vivres nécessaires à ce gigantesque centre urbain, le complexe industriel le plus peuplé et le plus développé de toute la galaxie.

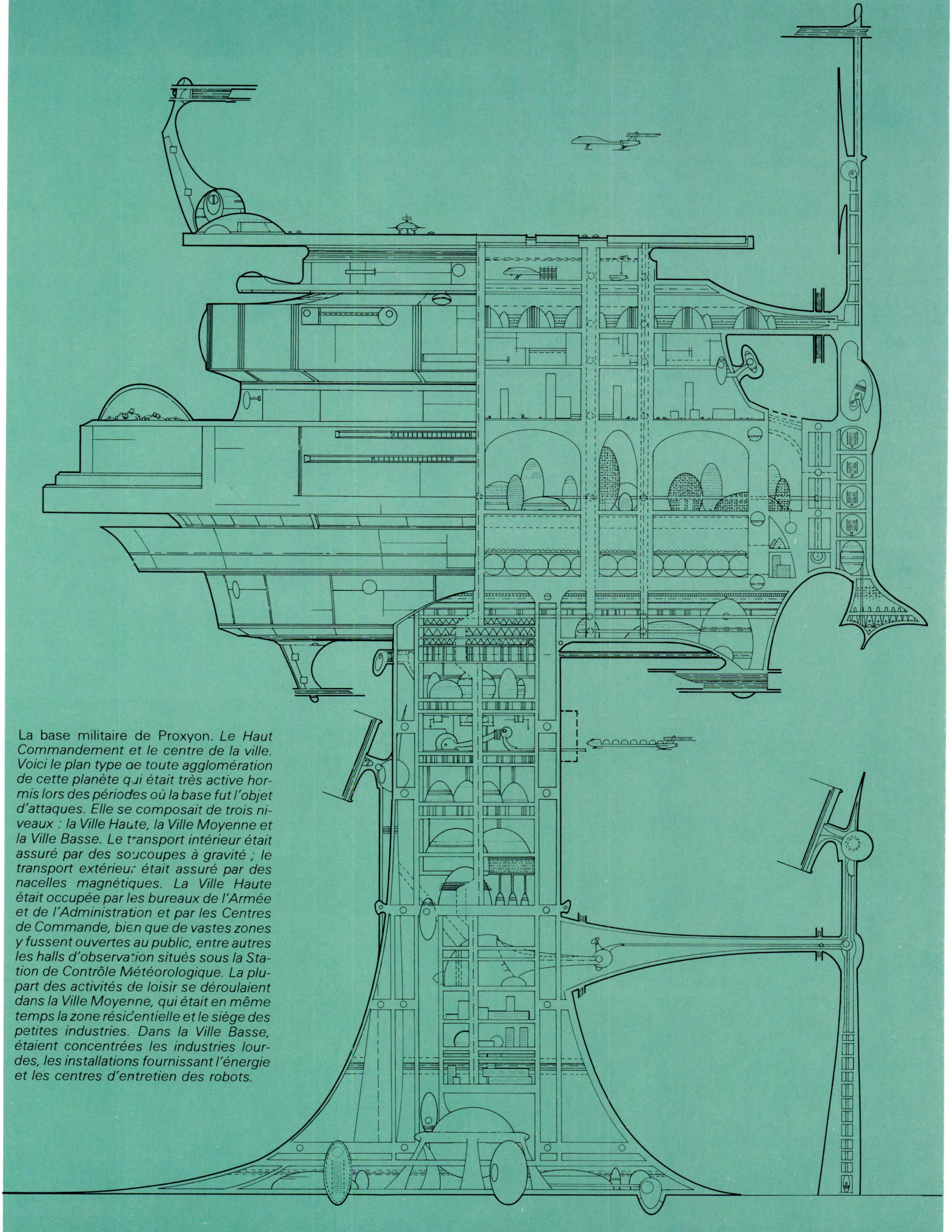

La base militaire de Proxyon. *Le Haut Commandement et le centre de la ville. Voici le plan type de toute agglomération de cette planète qui était très active hormis lors des périodes où la base fut l'objet d'attaques. Elle se composait de trois niveaux : la Ville Haute, la Ville Moyenne et la Ville Basse. Le transport intérieur était assuré par des soucoupes à gravité ; le transport extérieur était assuré par des nacelles magnétiques. La Ville Haute était occupée par les bureaux de l'Armée et de l'Administration et par les Centres de Commande, bien que de vastes zones y fussent ouvertes au public, entre autres les halls d'observation situés sous la Station de Contrôle Météorologique. La plupart des activités de loisir se déroulaient dans la Ville Moyenne, qui était en même temps la zone résidentielle et le siège des petites industries. Dans la Ville Basse, étaient concentrées les industries lourdes, les installations fournissant l'énergie et les centres d'entretien des robots.*

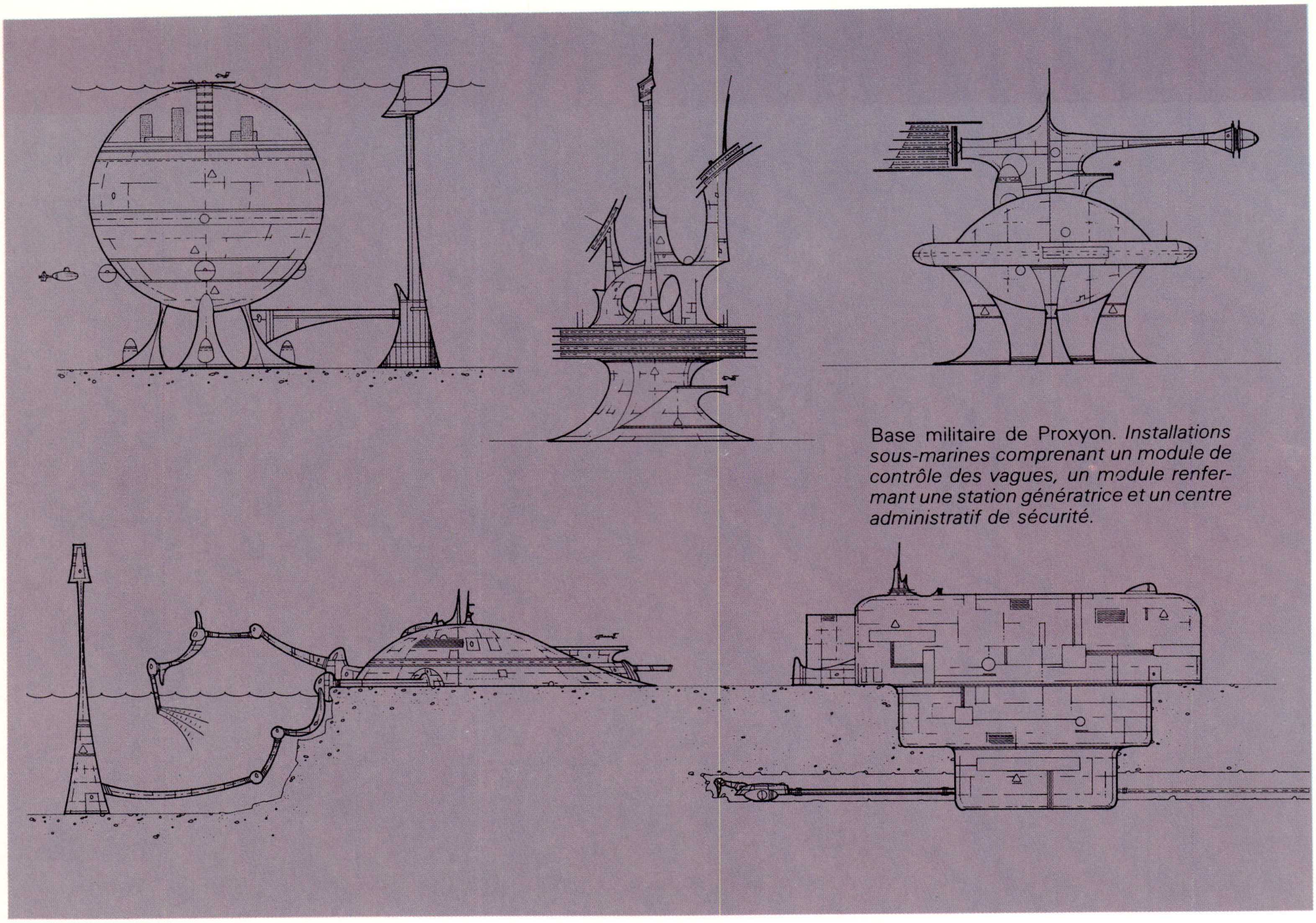

Base militaire de Proxyon. *Installations sous-marines comprenant un module de contrôle des vagues, un module renfermant une station génératrice et un centre administratif de sécurité.*

Base militaire de Proxyon. *Plan des installations sous-marines. Édifiées dans une fosse marine du continent austral de Proxyon, ces installations constituaient une base de repli en cas d'attaque. Les Modules de la Base étaient mobiles et totalement autonomes.*

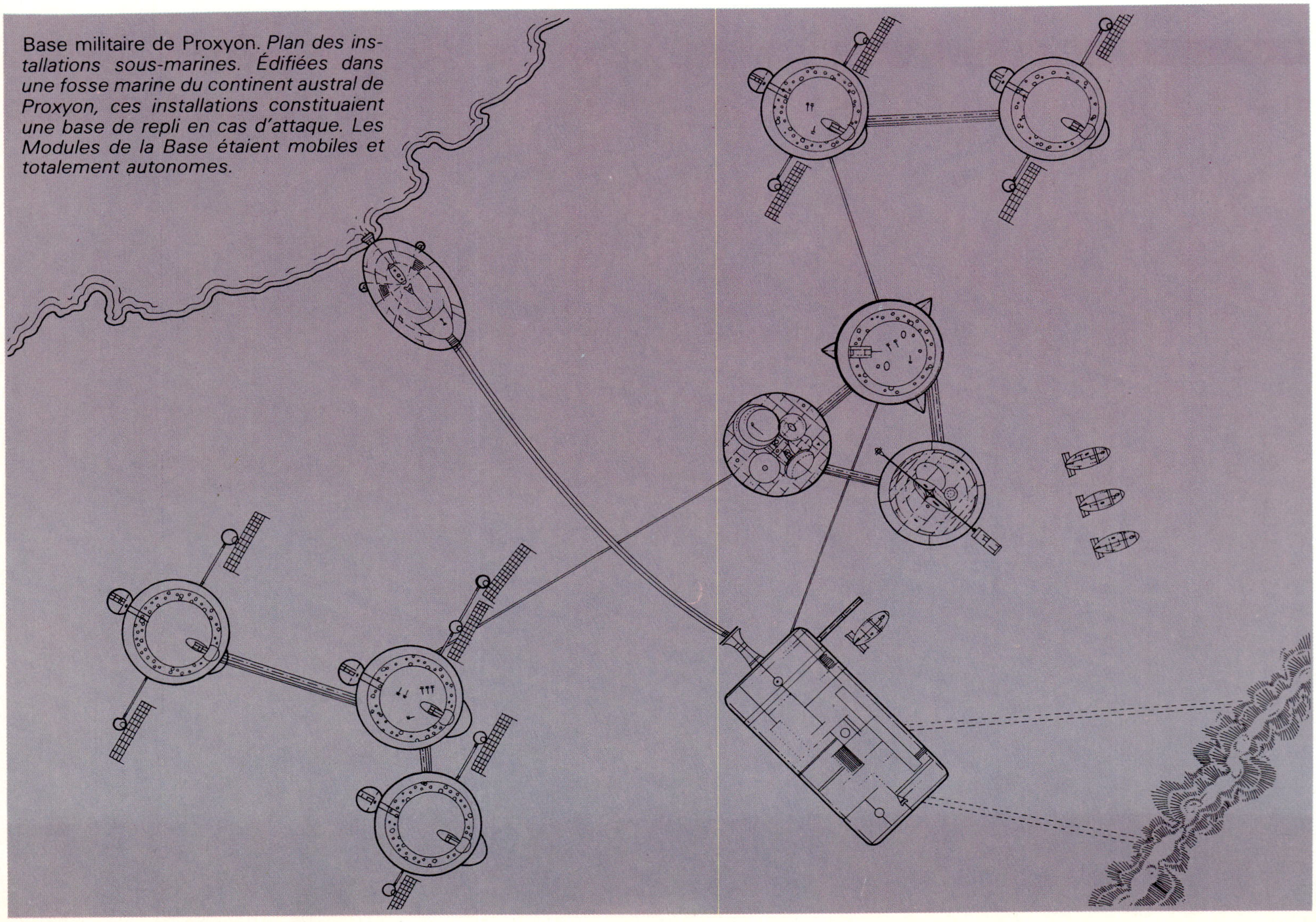

New Milford. *L'image spectrale d'un vaisseau de cristal fabérien rôdant audessus de l'hémisphère boréal du monde convoité de New Milford. L'atmosphère de New Milford est peu dense et, par conséquent, convient davantage à des colons fabériens. Toutefois, au cours de l'Interrègne, les ressources minières de New Milford furent exploitées, particulièrement les « pépites de sagesse », des cristaux d'un alliage de silicone et de carbone utilisés pour l'enregistrement des informations et les systèmes de recouvrement. Par la suite, cinq bases terriennes furent érigées, chacune protégée par une base militaire en orbite : Mariannasville, Charlottaville, Redd City, Garnett's Haven et la Base Brunner.*

Bas : Peyton City. *Le marché du livre de la galaxie. Peyton City, édifié sur la planète Andromède, dans le système Alpha Cruxus, est également appelé La Ligne Solaire en raison des cinq planètes de type terrien qui gravitent à de confortables distances du soleil de type G. L'ensemble de ce système, peut-être le système le plus prospère de la galaxie d'entre ceux ne disposant pas de ressources minières, connaît une extraordinaire affluence de touristes. Andromède, le monde le plus éloigné, possède quarante centres commerciaux, tous reliés par des voies tubulaires facilitant des visites rapides. On estime à 400 millions le nombre des titres appartenant aux littératures terriennes, fabériennes et autres, en dépôt dans la Cité du livre. La ville doit son nom à l'homme qui construisit les baraquements qui constituaient la ville primitive, un personnage énigmatique à la fois surnommé Rocking Roller, en raison de sa claudication et le Barbare qui, peut-être, ne faisait qu'une seule et même personne avec Emperior Barbus qui périt noyé dans une cuve d'hydromel centaurien.*

été pendant plusieurs milliers d'années le joyau de la galaxie, Trantor devient une planète en ruines parsemée de fermes imbriquées dans les débris et les vestiges métalliques tordus de la gigantesque cité.

Les mondes en ruines exercent depuis toujours une grande fascination sur les auteurs de science-fiction et nombre de récits relatent l'exploration de planètes couvertes d'édifices rouillés, de dômes délabrés et de hiéroglyphes énigmatiques, souvenirs d'une race disparue ou vestiges d'une gloire passée. Parfois des édifices vertigineux renferment un trésor de connaissance qui exigera de l'humanité des siècles pour être traduit et interprété, comme dans **Jackpot** (L'Année du grand fiasco) de Robert Heinlein. D'autres fois les villes et les statues en ruines, comme dans **Ozymandias** (Ozymandias) de Robert Silverberg, où l'incapacité des habitants eux-mêmes à venir à bout des difficultés inhérentes au pouvoir, a conduit leur monde à la ruine, constituent un sinistre avertissement pour notre propre Société. Parfois aussi, comme dans **Limiting Factor** (Facteur limitatif) de Clifford D. Simak, une planète totalement abandonnée semblable à Trantor par sa coque d'acier, résiste à toutes les tentatives de l'homme pour déchiffrer le message qui lui a été laissé.

La science-fiction a décrit et évoqué des milliers de planètes des plus différentes, toutefois le monde le plus fréquemment dépeint est de type terrien et certains de ses éléments — bien que fort discrets — sont irrémédiablement **d'ailleurs.** Du point de vue cinématographique, comme dans **Star Trek** par exemple, l'univers ne comporte que des planètes de type terrien et cela même si quelques fleurs ont la tête en bas : le signe du caractère extra-terrestre du monde.

Mais là où la science-fiction s'éloigne totalement de toute science, la planète de type terrien se révèle comme un monde sinistre et redoutable. Bradbury excelle dans l'évocation du caractère différent que recèle un décor apparemment familier. Dans sa nouvelle **The City** (La Ville), par exemple, il décrit une planète de type terrien sur laquelle est édifiée une ville pourvue d'une intelligence mécanique ancienne et cependant encore en activité. Celle-ci capture, dissèque et ré-utilise les explorateurs humains privés de leur dispositif protecteur.

Les solitudes enneigées de Gethan, la planète que décrit Ursula K. Le Guin dans **The Left Hand of Darkness** (La main gauche de la nuit), semblent familières au premier abord mais bientôt nous paraissent aussi étrangères que les androgynes qui les peuplent.

Nombre de mondes transformés en prisons, comme par exemple la planète que décrit James White dans **Open Prison,** semblent pour la plupart trop terrestres en comparaison de **A Planet Named Shayol** (La planète Shayol), de Cordwainer Smith, où le paysage se présente sous l'apparence d'une solitude aride de sable et de roc, si l'on fait abstraction des déchets d'êtres humains horriblement métamorphosés qui y survivent et semblent être enracinés dans le sol.

Tous les paysages d'ailleurs ne sont pas tous ceux de mondes extra-terrestres car les **choses** étrangères sont parfois le cadre de quelque futur fantastique. Après Freeman Dyson, qui imagina un gigantesque monde artificiel, un anneau ou une sphère de métal gravitant autour d'un soleil, deux auteurs envisagent les chances d'existence d'un tel monde.

Platt City. *L'une des villes les moins belles du Vieil Empire, Platt City se développa à partir d'un petit noyau de baraquements édifiés sur la planète Laodbrokke : le havre des inadaptés sociaux, des contrefaits, des faibles d'esprit... et d'un grand nombre d'artistes et d'écrivains parmi lesquels on comptait quelques-uns des plus brillants commentateurs littéraires. La ville doit son nom à l'un de ces écrivains, dont les récits d'aventures* Garbage Galaxy *jouissent d'une grande popularité dans tout le système et permirent le financement de la construction de cette ville d'acier.*

L'Anneau-Monde de Larry Niven possède des fondations métalliques, tandis que des millions de kilomètres carrés de rocs, de terre, de végétation, d'air et de montagnes s'étendent sur la paroi interne d'une bande de métal de 300 millions de kilomètres de diamètre placée en orbite autour d'un soleil. La nuit et le jour sont réglés par des dispositifs gravitant entre le soleil et ce gigantesque anneau métallique. Cette énigmatique structure extra-terrestre a été abandonnée par les créatures qui l'ont construite, mais ses étendues cultivables suffisent à expliquer les raisons de sa construction.

Bob Shaw, dans **Orbitsville** (Orbitville), utilise également une sphère. La surface externe de celle-ci est située à une portée raisonnable du soleil, toutefois ce dernier est totalement inclus dans le monde métallique artificiel dont la surface interne se présente sous l'apparence d'un paysage verdoyant et rocailleux d'une superficie de plusieurs millions de kilomètres carrés. Il faut des années, et cela en voyageant à une vitesse supersonique, pour regagner la gigantesque ville car une fente dans la coque en est l'unique accès. L'orbitville est si vaste que des générations passeront avant que les cultures extra-terrestres, développées à sa surface et séparées les unes des autres par des distances aussi considérables, ne se rencontrent et ne s'interpénètrent.

D'aussi grandioses conceptions font mesurer le talent des écrivains les plus imaginatifs, mais il n'en demeure pas moins vrai que des mondes situés aux antipodes par leur dimension requièrent une imagination égale. La planète où se déroule l'action de **Surface Tension,** de James Blish, est le monde le plus exigu jamais imaginé. Des colons humains y mènent un combat sans merci contre un monde aquatique qui ne cesse de se rétrécir et menace de les écraser, du fait de la seule pression de la surface ; devenus par mutations des créatures minuscules, ils vivent dans une mare située sur un monde à tout autre égard hostile. Quelques décennies auparavant, G. Peyton Wertenbaker raconta l'aventure d'un savant qui rapetissa tant qu'il lui était possible d'observer les électrons gravitant autour des protons des atomes, dans des systèmes planétaires assez semblables au nôtre ; lorsque l'inverse se produisit et qu'il grandit dans des proportions fantastiques, il s'aperçut tout naturellement que notre propre système solaire n'était qu'un atome appartenant à quelque gigantesque structure étrangère.

La Grande Porte est une base extra-terrestre, édifiée sur un astéroïde, et décrite par Frederik Pohl dans un roman qui reçut le prix Nebula, en 1978 : **Gateway** (la Grande Porte). Il s'agit en fait d'une base transgalactique dotée de navettes spatiales à pilotage automatique. Des terriens risquent leur vie à bord de ces engins, ne sachant jamais s'ils seront envoyés sur la Lune ou au plus profond de l'espace interstellaire. Dans **Perchance to Dream** de Bradbury, un astronaute naufragé s'assied sur le sol du désert aride et rocailleux qui recouvre un minuscule astéroïde, ses yeux fouillant les ténèbres de l'espace et l'éclat des étoiles dans l'espoir d'y apercevoir le signe de son salut. Lorsque les secours arrivent cependant, il est trop tard car les fantômes des êtres qui vivaient là des millénaires auparavant, lorsque l'astéroïde appartenait encore à une vaste et luxuriante planète, le possèdent.

Le monde qu'Harry Harrison décrit dans **Captive Universe** (L'Univers captif), au premier abord paraît être une vallée entourée et barrée de hautes montagnes, une vallée gardée par la violente déesse Coatlico qui châtie quiconque essaie de s'échapper de la vallée ; la légende raconte que le soleil traverse quotidiennement le ciel sur des ponts roulants, ce qui semble absurde jusqu'à ce que l'on réalise que

Garnett's Haven. *L'une des villes les plus anciennes de New Milford, Garnett's Haven fut édifiée dans l'hémisphère central dans une région appelée les Roches Noires. Après une période de décadence, la ville connut un nouvel essor et devint l'une des cités les plus animées et les plus actives de New Milford. Vers la fin du Second Empire, sa population ne s'élevait qu'à deux millions, un nombre bien faible pour un centre si populaire.*

ce monde est un vaisseau-génération, construit à l'intérieur d'un astéroïde et que le soleil se déplace effectivement sur des chemins roulants !

Les vaisseaux-générations constituent un élément important des visions futuristes de la science-fiction. Comme il se doit, des astronefs aussi gigantesques, croisant pendant des milliers d'années dans l'espace intersidéral en quête de nouveaux mondes, sont en un certain sens des « paysages étrangers », ce dont ils tirent leur singularité.

Dans **Nonstop** (Croisière sans escale) de Brian Aldiss, les exploitations hydroponiques destinées à fournir la nourriture nécessaire à une longue croisière ont échappé à tout contrôle de sorte que le vaisseau se transforme en une jungle qui isole les différents niveaux les uns des autres. Chacun engendre ses propres groupes tribaux, ses lois et ses rites. Dans sa série, les **Villes nomades** (Cities in Flight), James Blish nous présente des paysages urbains futuristes, des blocs de tours et de gratte-ciel, des routes et des voies aériennes, tout l'ensemble étant recouvert par un vaste dôme translucide. Même si cette ville est encore accrochée au soubassement sur lequel elle fut édifiée, toute la roche de fond a été arrachée de la Terre par de gigantesques machines antigravité et vogue maintenant entre les systèmes solaires ; les états-cités sont, pour leur propre compte, devenus des « marchands » de l'espace.

Enfin, il reste notre propre planète future, que l'imagination des auteurs de science-fiction se représente sous des aspects particulièrement étranges et fantastiques. H.G. Wells nous donne une pessimiste et inoubliable conception de notre monde parvenu à sa toute dernière extrémité : un lieu obscur baignant dans la lueur étrange que dispense un soleil maintenant faible et très rouge. Le voyageur temporel de ce magnifique roman de Wells, **The Time Machine** (La machine à explorer le temps), se retrouve sur une plage enténébrée au bord d'un océan paresseux et stagnant, oublieux des marées et des vagues, la Lune s'étant depuis longtemps écrasée sur la Terre. Des crabes géants et d'énormes créatures blanches ayant l'apparence des papillons sont les seuls êtres vivants qu'il ait le temps d'entrevoir avant que la panique que suscite en lui ce lieu désolé ne le pousse à regagner le Londres de l'époque victorienne.

La Terre de l'avenir que dépeint Isaac Asimov, dans **The Caves of Steel** (Les cavernes d'acier), est une planète dont la population entière vit retranchée sous terre, dans de vastes cavernes aux parois d'acier, dont elle craint de sortir, tant est puissant l'effroi que suscitent les grandes plaines, l'espace et les dangers latents. La vision

Gauche (page 90) : La Tour de Verre. *Construite sur la planète au climat hostile Domios III, la gigantesque ville de Bright Haven était à l'origine le point de chute des hommes et des femmes employés à la mise en valeur du plus petit des seize continents. Cette tâche se révéla irréalisable. Bright Haven ne cessa pour autant de se développer et sa population dépassa le nombre de deux millions d'habitants. La cité fut détruite lors des Guerres de Zone et le métal dont elle était composée fut utilisé pour la construction de vaisseaux de guerre.*

d'un monde d'humains dégradés que propose E.M. Forster dans **The Machine Stops** (La machine s'arrête), quoique voisine, nous semble à la fois beaucoup plus révoltante et plausible : la population, rassemblée dans un alvéole souterrain, est nourrie par la machine que constitue la ville ; tous refusent de regagner la surface dévastée par la radioactivité, surface où la nature a depuis longtemps retrouvé ses droits.

Robert Silverberg, dans **When we Went to See the End of the World** (Destination fin du monde), « joue » avec le temps et la prédestination de l'homme quand il expédie ses voyageurs à l'extrémité dernière du temps ; chacun des voyageurs a tout le loisir de contempler une terre désolée et vide mais la vision de l'un est différente de celle de l'autre : certains voient des déserts desséchés, d'autres de vastes forêts sauvages, d'autres encore des étendues dévastées par la radioactivité, mais la vision la plus saisissante est celle de celui découvrant une planète entièrement recouverte par la neige et la glace, les ruines des gratte-ciel perçant les glaciers et les édifices croulants sous les assauts de l'Ère Glaciaire.

La science-fiction imagine également la métamorphose du genre humain parallèlement à la transformation de l'environnement, celle-ci symbolisant souvent celle-là. Les romans désormais classiques de J.G. Ballard ont pour cadre d'étranges paysages où les personnages perçoivent l'environnement comme quelque bizarre revêtement intérieur : le paysage cristallin

Droite : Construction de Mechanistra. *Édifiée à la fin du cinquième millénaire, sur une orbite solaire éloignée, Mechanistra est le monde artificiel le plus vaste jamais conçu par l'homme. Sa construction dura quarante ans et exigea la collaboration de deux millions d'hommes et de 10 000 robots. Sa construction se poursuivit après que la gigantesque cité spatiale fut lancée.*

Gauche (bas, page 90) : Arrakis (Dune). *Un monde qui doit son immense popularité aux aventures liées à l'extraction de la précieuse Épice et aux conflits dont elle fut la cause. Arrakis, bien qu'entièrement recouverte de sable, n'est en aucun cas une terre hostile. Ses déserts hébergent nombre de formes diverses de vie parmi lesquelles des tribus humaines adaptées à l'environnement hostile — les Fremen — et naturellement des humains plus civilisés vivant dans de grandes cités protégées par des murailles rocheuses naturelles, le Bouclier.*

27
26
27

Droite : L'Apothéose de la Technologie. *Robert Mc Call, un artiste originaire de Proxyon, a su traduire l'atmosphère de bonheur qui règne sur Orgone. Cette planète, où les océans dominent, ne possède qu'un continent unique situé dans la région subtropicale. Quarante villes y furent édifiées, chacune d'elles offrant des multitudes de plaisirs et de loisirs.*

de **The Crystal World** (La forêt de cristal) scintille tel un joyau tandis que les plantes et les animaux présentent des facettes, et que la jungle chatoie tel un diamant. Du même auteur, citons **The Drowned World** (Le monde englouti), tropical, inondé et luxuriant ; ou peut-être le lieu le plus frappant d'entre tous, **Vermilion Sands,** où les sables rouges se sont partout infiltrés, à l'intérieur et à l'extérieur des ruines des domaines humains abandonnés. Ballard, en mêlant le familier et l'exotique, en faisant une œuvre d'art à partir de la décrépitude et de la dégénérescence, en rendant le futur authentiquement fantastique et en poussant l'imagination dans ses derniers retranchements, se classe parmi les créateurs les plus originaux de paysages suggestifs de la science-fiction moderne.

Gauche (page 92) : Mechanistra. *Star City, que l'on peut observer ici, est l'un des dix centres de repos destinés aux deux millions d'employés et d'habitants que compte ce petit monde.*

Glossaire

Accélateur de particules Wingrove : Utilisé par la plupart des vaisseaux de la Fédération sous une forme ou une autre, ce type d'arme ancien offrait une grande puissance de feu pendant un court laps de temps. Utilisé lors de brefs engagements, il fut remplacé pour des combats plus longs par les faisceaux Harvey combinés à longue portée.

Écran protecteur au duralium : Écran protecteur fixé à la coque des vaisseaux de guerre et créé par la désintégration subatomique phasée du duralium.

Einvélocité : Mesure agréée de la vitesse relative de l'espace-temps. Dérivée de la relativité einsteinienne.

Elerac : Principal complexe industriel d'armement des Mondes Indépendants — usines pour la plupart édifiées sur la planète inhabitée de Weston Fall.

Facteur C : Un vaisseau croisant à une vitesse supraluminique a les plus grandes difficultés à maintenir une vélocité s.-t. constante sous les effets de l'onde gravitionnelle, du flux spatial et de la distorsion spontanés. Le facteur C est obtenu par l'équilibre entre l'einvélocité et la capacité de fluctuation calculée en Ziemens, auxquelles viennent s'ajouter la masse, le temps et l'énergie intrinsèque émise.

Jackson's Rift : Site d'Algol, une crevasse de plus de cinq kilomètres de long, qui, lors de la dernière phase de la Guerre de Zone, devint le théâtre de combats.

Mines antimatière : Particules explosives d'antimatière, renfermées dans une coque métallique se désintégrant à la moindre vibration et caractérisée par un champ de distorsion. Elles étaient enfouies dans les territoires ennemis lors des conflits.

Moteur thermochimique à double flux : Système de propulsion conventionnel des vaisseaux de guerre et de transport des Première et Seconde Fédérations. Ce mécanisme devait son extraordinaire rendement à l'alternance de deux flux : désintégration et régénération du borinium/phase hostile d'intervention de l'antimatière.

Proxyon III : Planète colonisée par la Terre qui, bien que dépourvue de toute vie sauvage, possédait une atmosphère et des caractères morphologiques de type terrien, parmi lesquels des océans profonds et des fosses marines. Transformée en une base militaire, elle comprenait quatre cents installations mi-civiles, mi-militaires autonomes.

Régénérateur de matière : Dispositif adapté aux vaisseaux voyageant en espace profond, le régénateur de matière assurait l'équilibre matière/antimatière du système de propulsion et retardait le point critique d'accumulation d'antimatière.

Rundii : Énigmes de la galaxie, les Rundii sont des créatures semi-intelligentes vivant dans les zones montagneuses et boisées de la planète Ree'hworld ; les Ree'hd, des troglodytes, constituent la forme de vie la plus importante de Ree'hworld. Leurs légendes témoignent de l'existence sur la planète, quelques milliers d'années auparavant, d'une race dotée d'une technologie très avancée.

Saut dans l'hyperespace : Cette distorsion de l'espace, qui permet à un vaisseau de franchir des distances considérables en un temps infime, produit un effet négatif sur la masse de l'astronef en convertissant les micro-particules en particules d'antimatière et cela à taux constant ; lorsque plus d'un pour cent des micro-particules ont subi cette transformation, le navire devient instable.

Spindizzy : Machines antigravitionnelles primitivement utilisées pour « arracher » des villes entières de la Terre puis, par la suite, utilisées comme ascenseur de secours dans les complexes coloniaux sur les mondes hostiles ou disputés.

Synhominoïdes : Catégorie de robots. Utilisés le plus souvent comme gardes du corps individuels ou armés, ils présentaient une silhouette humaine et leurs caractères organiques, généralement neuromusculaires, leur permettait une excellente maîtrise de leurs mouvements.

Trantor : Monde colonisé entièrement recouvert de métal et d'édifices. La planète devint le centre administratif de la galaxie, mais sa vulnérabilité lui valut d'être détruite durant le Second Empire.

Violateur Carlsen à scission de 20 centimètres : L'une des armes les plus insolites adaptée aux vaisseaux de guerre, le V 20 CS ressemblait par sa forme à un fer de hache et était actionné par l'énergie électrique fournie par le « tireur » ; très instable dans les combats acharnés, il lui arrivait fréquemment de « désélectrifier » l'opérateur.

Ziemen : Unité de mesure de l'interaction de la matière — énergie-espace à vitesse élevée — proportionnelle au déplacement temporel qui peut ainsi atteindre un point critique. Certains champs d'énergie toutefois créent des déplacements beaucoup plus importants sans que pour autant le temps ne s'accroisse.

Fédérations

Entre le troisième et le cinquième millénaire inclus, trois Fédérations furent créées à partir des mondes terriens disparates de la galaxie, chacun caractérisé par une « Zone franche » propre (systèmes planétaires exploités par le commerce libre), une zone frontière différente comprenant les divers habitants extra-terrestres de la cité stellaire, et aussi par des centres administratifs différents. De temps à autre, au cours de chaque période fédérative, un Empire terrien était proclamé de sorte que les périodes séparant ces Empires sont appelées, pour plus de commodité, Interrègnes. Les Empires, ainsi que leurs fondateurs, sont les suivants :

Premier Empire : Proclamé et fondé sur la Terre par Jaar K'rath Mellows, un Terrien. Il dura 530 ans.

Second Empire : Fondé par Kriston Abel Farenzio, un marchand et un politicien bootien, sur Véga. Il entretenait d'étroites relations avec la Terre et dura 400 ans.

Troisième Empire : Proclamé par Birikoff Brishoff Mac Suriyamana, un nomade et un chef religieux célèbre. Le Troisième Empire naquit sur Véga mais, lorsque cette dernière se déclara Principauté indépendante — la paix fut signée sur ces entrefaites à la suite de la Seconde Convention Ursienne —, le centre de l'Empire se transporta tout d'abord sur le monde artificiel de Mechanistra puis gagna le système solaire, plus particulièrement Mars.

Les Guerres de Zone

Nom collectif désignant les quatorze conflits qui se déroulèrent entre la fin du cinquième millénaire et celle du sixième. La plupart des querelles opposaient des Terriens, toutefois certaines races extra-terrestres furent entraînées dans les conflits, notamment les Fabériens qui, à l'époque de la sixième guerre de Zone, possédaient quelques intérêts dans un certain nombre des mondes de la Fédération (ou de l'Empire). L'ensemble des guerres de Zone s'étala sur soixante-dix années.

La Guerre Finale : Elle se déroula principalement dans le système Tucana M. A cette occasion, furent utilisés Mechanistra et d'autres mondes satellites artificiels dotés d'une considérable puissance de feu. La Guerre Finale, qui dura quelque dix années terrestres, fut la plus acharnée de toutes les quatorze Guerres de Zone ; elle débuta par une insignifiante querelle à propos d'une planète industrielle mais se transforma bientôt en un gigantesque conflit opposant les Humains aux Fabériens et à leurs alliés de l'Empire sarosien.

Guerre thanguienne : Livrée dans l'espace environnant le système de la Lyre à l'Empire thanguien, petite enclave étrangère dans l'Espace impérial qui souhaitait transformer ses planètes colonisées afin de modifier leur environnement. Le Troisième Empire déclara la guerre, et vainquit les Thanguiens lors de quatre longues, tragiques — et extrêmement profitables pour les vainqueurs — confrontations.

Les Guerres nimiennes : Les historiens écrivent qu'il s'agit d'un conflit avec des extra-terrestres en apparence pacifiques ayant atteint un très haut niveau de recherche en matière temporelle. L'Empire, redoutant de ne pouvoir lui-même maîtriser le temps, attaqua les planètes nimiennes faisant ainsi disparaître la menace. L'Empire déclara que trois mondes terriens avaient été détruits par une flotte nimienne et que l'attaque du monde nimien n'était qu'une guerre de représailles. On estime maintenant que les planètes terriennes furent détruites par l'Empire lui-même qui utilisa à cette occasion des vaisseaux nimiens capturés.

Écrasement temporel : Accident courant au cours des guerres nimiennes, l'écrasement temporel était la conséquence d'une surcharge des champs de déplacement temporel, de sorte que le vaisseau ou la machine s'écrasait dans un Temps Autre. La mise au point de techniques de repérage des débris et des épaves permit de récupérer ces derniers afin que fût supprimée toute conséquence fâcheuse.

Les portes des étoiles : Brèches dans le tissu de l'espace, généralement associées à un affaissement naturel de la pesanteur et parfois à la distorsion de champs spatiaux, provoquée par une distorsion de l'hyperespace et des effets spatiotemporels. La plupart des portes des étoiles sont maintenant localisées, connues et gardées par des forces terriennes et fabériennes associées. Certaines portes des étoiles s'enfoncent dans l'Univers et font encore l'objet d'explorations.

Index

Remerciements

Les éditeurs remercient les personnes et organismes suivants de les avoir autorisés à reproduire les photos illustrant ce livre :

David Bergen (Ace Books) 73 ; Sarah Brown Agency (Peter Elson) 59, (Fred Gambino) 74 ; Vincent Di Fate (Analog) 20, 23, (Berkeley Books) 1 ; Emsh 45 haut ; Folio (Melvyn) 13, 38, 40 bas, 57, 72 bas, (Joe Petagno) 41, 58 haut et bas ; Chris Foss 30 bas gauche ; Frank Kelly Freas gardes, 22, 64 haut ; David Hardy 60 bas, 64-65 ; Peter Jones 34-35 ; New English Library (Tim White) 10-11, 53, 69 ; Rodney Matthews (Big « O » Publishing) 77 ; Robert T. McCall 26-27, 33 haut et bas, 93 ; Chris Moore 8-9, 14-15, 16-17, 36-37, 52 ; Tony Roberts (Transworld) 4-5 ; Thomas Schlück (© David Hardy) *Journey to the Triffid Nebula from Challenge of the Stars* 1972 31 haut, *Shooting Star* 1978 49, (© Eddie Jones) couverture pour TERRA ASTRA No. 269. 1976 6-7, *Star Trek New Voyages* 18, *Star Trek* 19, *Vortex 6* 30 haut, *Orion 64* 42 haut, *Total Eclipse* 43 bas, *Nova 11* 84 haut, *Nova 1* 89, (© Paul Lehr) *The Best SF Stories from New Worlds 6* 43 haut, *You Will Never Be the Same* 87 bas, (Franco Storchi © Editrice Nord) *Untitled* 16, *Untitled* 27, *Untitled* 38-39, *Untitled* 47, (© Michael Whelan) *Armageddon* 50-51, *Chameleon* 62, *The Night Face* 63, *The Vanishing Tower* 68-69, *Burial* 72 haut, *Outbound* 82, (© Edward Blair Wilkins) *Astarte* 12, *Spindizzies* 25 droite, Centre of *Pioneer Triptych* 31 bas, *Tigress 11 Docking* 45 bas, *Supplying* L5 83, *Perimeter Towers* 84 bas, *Roboid No. 3* 91, *Copernicus City* 92 ; John Schoenherr 42 bas, 65 haut, 78-79, 90 bas ; Boris Vallejo (Ballantine Books) 48 ; Young Artists (Jim Burns) 66-67, (Richard Clifton-Dey) 70, (Peter Goodfellow) 71, 81, (Colin Hay) 80, 90 haut, (Bob Layzell) 46 bas, (Angus McKie) 39, 46 haut, 87 haut, (Terry Oakes) 54-55, 60, (Tony Roberts) 44, 56, 88 ; Gerry Webb of Science Fiction Consultants (photographie de Peter Hobbs) 40 haut, 61 ; Patrick Woodroffe 2-3, 24-25.

Illustrations de Roger Full, pages 29, 32, 41 (haut droite) et Lee Noel, 21, 41 (gauche), 85, 86.

Des remerciements particuliers sont à adresser à : Viv Croot, Ray Hayden et Ernest Hassler.

PDO 79-378